2023年
中国植保减灾发展报告

2023 NIAN

ZHONGGUO ZHIBAO JIANZAI FAZHAN BAOGAO

农业农村部种植业管理司
全国农业技术推广服务中心 编

中国农业出版社
北 京

图书在版编目（CIP）数据

2023 年中国植保减灾发展报告 / 农业农村部种植业
管理司，全国农业技术推广服务中心编. -- 北京 ：中国
农业出版社，2024. 9. -- ISBN 978-7-109-32494-7

Ⅰ. S435

中国国家版本馆 CIP 数据核字第 2024WY7416 号

中国农业出版社出版

地址：北京市朝阳区麦子店街 18 号楼

邮编：100125

责任编辑：杨彦君　阎莎莎

版式设计：王　晨　责任校对：吴丽婷

印刷：中农印务有限公司

版次：2024 年 9 月第 1 版

印次：2024 年 9 月北京第 1 次印刷

发行：新华书店北京发行所

开本：880mm×1194mm　1/16

印张：10

字数：176 千字

定价：86.00 元

编委会

前 言
FOREWORD

2023 年农作物病虫害发生形势严峻，植保防灾减灾任务艰巨。农业农村部种植业管理司、全国农业技术推广服务中心认真落实部党组的决策部署，团结合作、齐心协力，紧紧围绕"确保粮食和重要农产品稳定安全供给，种植业高质量发展稳步推进"总目标，以"两稳两扩两提"为重点，抓好重大病虫疫情预警防控，扎实推进豇豆减药控残，大力推进统防统治与绿色防控融合，切实加强基层植保体系队伍建设，护航粮食安全和农业全面绿色转型、高质量发展，各项工作取得了明显成效。

据统计，2023 年全国农作物病虫草鼠害发生面积 58.78 亿亩次，防治面积 78.47 亿亩次。经分析测算，因有效防控病虫害，挽回三大粮食作物产量损失 1.93 亿吨，占三大粮食作物总产量的 30.6%；三大粮食作物实际产量损失平均为 3.9%，实现了病虫灾害损失控制在 5% 以内的目标。在推进农药减量增效方面，实施农作物病虫绿色防控面积 12.7 亿亩，主要农作物病虫害绿色防控覆盖率达到 54.1%，三大粮食作物实施专业化统防统治面积 20.1 亿亩次，统防统治覆盖率 45.2%，主要农作物农药利用率 42.7%，较好实现了农药使用减量化目标。

为总结、交流和宣传植保植检工作成效与经验，系统梳理、准确把握我国植保植检工作现状与发展趋势，不断推进植保植检工作高质量发展，农业农村部种植业管理司、全国农业技术推广服务中心在以往工作的基础上，组织编写了《2023年中国植保减灾发展报告》。希望本书的出版，能够为各地更好地开展植保植检工作提供经验，为有关部门研究决策提供参考。

　　本书在编写过程中，得到各省（自治区、直辖市）植保植检机构的大力支持和帮助，在此一并表示衷心的感谢！由于编者水平所限，书中疏漏与不妥之处在所难免，敬请各位读者批评指正。

编　者

2024 年 3 月

目 录
CONTENTS

第一章
2023年度植保植检工作概述

2023年，受气候异常、耕作制度变化等因素影响，小麦茎基腐病在黄淮麦区大发生；稻飞虱、稻纵卷叶螟、二化螟在江南和长江流域稻区偏重发生，局部地区大发生；玉米南方锈病在黄淮夏玉米区大范围流行；番茄潜叶蛾在山东、陕西、辽宁等省扩展蔓延，严重威胁国家粮食安全和重要农产品稳定供给。面对严峻的植保防灾减灾形势，农业农村部和各级党委政府高度重视，加强病虫灾害防控政策支持与决策部署，农业农村部种植业管理司会同全国农业技术推广服务中心认真落实农业农村部党组的决策部署，团结合作、齐心协力，紧紧围绕"确保粮食和重要农产品稳定安全供给，种植业高质量发展稳步推进"总目标，以"两稳两扩两提"为重点，突出抓好重大病虫疫情预警防控，扎实推进豇豆减药控残，大力推进统防统治与绿色防控融合，切实加强基层植保体系队伍建设，护航粮食安全和农业全面绿色转型、高质量发展，各项工作取得了明显进展。

一、植保植检重点工作

（一）"虫口夺粮"保丰收成效显著

年初，农业农村部办公厅印发《2023年"虫口夺粮"保丰收行动方案》，会同财政部及时下拨中央财政病虫疫情防控救灾专项资金16.2亿元，先后7次分时段、分区域、分病虫召开油菜、小麦及秋粮作物重大病虫防控现场会、视频会；印发加强小麦赤霉病防控、秋粮统防统治明电，组派两批次16个工作组赴重点地区调研指导，组织各地立足"抓早治小、关口前移"，开展大区联合监测、分区协同治理，大力推进统防统治、绿色防控，坚决遏制重大病虫重发危害，实现"虫口夺粮"保丰收。据统计，全年累计防治小麦、水稻、玉米三大粮食作物重大病虫害 30.3 亿亩*次，防控后实际发生面积 20.7 亿亩次，比预测发生减少 29.6％，植保贡献率达 30.6％（各地系统开展评价试验数据），病虫危害实际损失率 3.9％，同比下降 0.1 个百分点，通过防治减少三大粮食产量损失 3 000 亿斤**以上，同比增加 130 多亿斤。特别是小麦赤霉病病粒率控制在 1‰ 以内，为近年最低年份。各地普遍反映，2023 年是病虫害防控力度最大、效果最好的一年。

（二）重大病虫疫情处置及时有效

一是组织保种护农行动。制定《2023 年农作物种子苗木检疫检查工作方案》，以种子、种苗繁育基地为重点，开展专项检疫监管行动，累计实施产地检疫 3 667 万亩，同比增加 32.4％，调运检疫 31.8 万批次，同比增加 13.2％。二是狠抓红火蚁防控。组织红火蚁春季、秋季集中防控行动，确保新发、重发区域两次防控全覆盖，进一步遏制快速扩展蔓延和重发危害势头。据统计，2023 年底红火蚁发生面积 555 万亩，同比减少 5％，高密度面积（亩均蚁巢 30 个以上）仅 1.87 万亩，同比下降 74％。三是有效应对新发病虫。落实中央领导同志批示要求，针对小麦茎基腐病、番茄潜叶蛾等新发病虫疫情，组织实地调研指导、专题研讨和技术培训，制定防控方案、技术意见，指导各地抓好防控，并争取追加部门预算防控资金 950 万元，开展防控技术集成示范，为下一步提高防控技术水平提供支撑。

（三）"一喷三防"促小麦稳产丰收

3 月初，下发《关于提早做好小麦"一喷三防"补助政策和技术措施落实的通知》，要求各地尽早制定实施方案、做好喷防作业准备、提前安排效果评估。4 月 18 日补助资金下达后，立即召开视频会，要求各地抓好落实，确保农时到、作业到、资金也到。4 月下旬，开始实施小麦"一喷三防""一周两调度"，及时掌握资金落实情况和喷防作业进度，并编发信息反映工作进展。6 月中旬，完成《关于 2023 年小麦"一喷三防"补助政策实施情况及成效的报告》。据统计，2023 年累计实施喷防作业 5.56 亿亩次，同比增加 16.3％，其中统一作业 3.9 亿亩次，同比增加 17.5％，黄淮海部分主产麦区喷防 2 遍

---

* 亩为非法定计量单位，15 亩＝1 公顷。全书同。——编者注

** 斤为非法定计量单位，1 斤＝500 克。全书同。——编者注

以上。各地"喷"与"不喷"对比试验表明，喷防作业可亩均增产小麦54～64斤。

（四）豇豆减药控残行动扎实开展

制定了《全国豇豆减药控残行动工作方案》，聚焦生产环节，强化绿色防控、安全用药培训示范和集成推广，先后9次分省、分片举办观摩会、培训班，组织专家开展服务指导，取得积极成效。一是建立一批技术示范区。省部共建示范区32个，带动各地建立各类示范区280多个，基本做到重点种植区域、农残突出问题地区全覆盖。二是筛选一批防控产品。筛选出小花蝽、绿僵菌、昆虫信息素、双丙环虫酯等一批绿色防控技术产品，为生物防治替代化学防治、高效低风险农药替代抗性农药"双替代"提供了支撑。三是集成一批技术模式。通过开展技术集成试验示范，集成了海南等热带种植区"防虫网＋生物防治＋理化诱控"、重庆等亚热带种植区"金龟子绿僵菌＋枯草芽孢杆菌＋木霉菌＋高效低风险农药"、山东等温带种植区"设施栽培＋土壤微生态调控＋天敌昆虫"等技术模式。四是形成一批示范样板。如海南乐东推广示范"全覆盖式防虫网＋"技术模式，不仅有效控制了农残问题，而且亩产增加2 500斤、亩均增收6 380元。

（五）化学农药减量增效持续推进

按照《到2025年化学农药减量化行动方案》中"替、精、统、综"技术路线，一是大力推进绿色防控。省部共建200个技术示范区，带动地方建立示范区3.3万个，累计集成推广200余套经济实用、简便易行、农民乐意接受的绿色防控技术模式。2023年主要农作物病虫害绿色防控面积达到12.7亿亩，绿色防控覆盖率54.1%，同比提高2.1个百分点。二是大力推进统防统治。组织各地加大购买服务支持力度，发挥3 670个装备精良、管理规范的专业化防治组织示范作用，大力推进统防统治。2023年三大粮食作物病虫害统防统治面积20.1亿亩次，统防统治覆盖率达到45.2%，同比提高1.6个百分点。三是大力普及安全用药技术。持续开展"百万农民科学安全用药培训"活动，普及绿色防控、安全用药知识技能，线上线下累计培训600余万人次。

（六）植保防灾减灾基础不断夯实

一是抓体系队伍建设。落实中央一号文件精神和农业农村部、中央机构编制委员会办公室《关于加强基层动植物疫病防控体系建设的意见》要求，将基层植保体系建设纳入粮食安全党政同责考核内容。完善全国植保体系信息管理模块功能，召开专题会议，督促各地配齐配强专业技术人员，确保病虫害防控责有人负、活有人干、事有人管。据统计，截至2023年底，全国县级以上植保专业人员达到2.17万人，同比增加22.6%，乡镇级达到3.53万人，同比增加4.35倍，村级植保员1.54万人，同比增加1.32倍。二是抓基础设施建设。继续组织实施好植保能力提升工程，中央财政投资4.57亿元，建设了一批植保防灾减灾基础设施项目。加强工程建设项目监管，在组织各地对近3年投资建设项目全面自查的基础上，组派8个工作组赴重点省份调研指导，了解项目实施进展及存在的问题，督促按时保质保量完成建设任务，发挥应有作用。三是抓植保法制建设。推动将《植物保护法》列入农业农村部2023年立法调研计划，启动立法调研工作，成立工作小组、专家咨询委员会，组建工作专班，经多次调研、研讨、修改，形成了《植物保护法》草案初稿。

此外，一是积极服务大豆油料产能提升工程。组织油菜病虫害冬季防控技术大培训，在线培训基层农技人员、种植大户、服务组织等16.3万人次。召开冬油菜重大病虫害防控现场会，动员安排防控工作。制定大豆玉米带状复合种植除草剂使用指导意见、大豆主要病虫害防控技术方案等，指导安全用药、科学防控，避免药害发生。二是牵头做好国家救灾农药储备。通过与国家发展和改革委员会、财政部、中华全国供销合作总社多轮、多次沟通，对暂行管理办法进行修改，于7月底联合印发了《国家救灾农药储备管理办法》，改制剂储备为原药储备为主、制剂储备为辅，得到承储企业和社会各方认同。制定了《2024—2026年国家救灾农药储备工作方案》，严把储备品种选定、网络公示、招标采购等程序关，圆满完成新一轮国家救灾农药储备工作。三是切实加强农药包装废弃物回收指导。组织制定《农药包装废弃物回收处理指南》，进一步推进回收处理规范化，在广东、安徽、黑龙江等10多个省份开展定点调查，探索建立大包装长效回收和再利用机制。据统计，2023年全国累计产生农药包装废弃物7.56万吨，回收5.97万吨，处理5.24万吨，回收率78.9%，比上年提高8.5个百分点。四是严密防范农药使用安全隐患。印发《关于加强秋粮病虫害统防统治工作的通知》，要求各地开展农药使用安全风险大检查，及时排除风险隐患，保障安全生产，完成国务院安全生产委员会成员单位考核任务等。

二、农作物病虫害监测预警

2023 年，全国农作物病虫害测报体系以提升公益性履职能力为主线，在及时高效、保质保量完成全年一类农作物病虫害监测预警任务的基础上，在系统推进测报制度落实、决策支撑高效化和监测预警精准化等三项重点工作中取得显著成效。

（一）有力有序，落实测报公益性职能和工作制度

按照初步构建的以《监测与预报管理办法》为主轴、以《监测设备参数》《监测调查方法》《区域站建设管理意见》为抓手的测报公益性职能"三叉戟"支撑体系，开展各层级的宣贯引导、督导落实和机制创新工作。一是加强宣贯明职能。针对内蒙古、辽宁以及长三角地区（浙江）等机构改革后植保力量薄弱地区，以"依法依规构建测报权责体系"为专题，加强植保专业机构测报公益性职能法治化，宣贯强调测报公益性职能是"应守之地、应尽之责"，从测报专业领域督促落实农业农村部和中央机构编制委员会办公室提出的"活有人干、事有人管"。针对云南、江西等地出现的曲解现象或违规行为严肃警醒，及时纠正某省植保机构"委托"预报发布权行为。二是广泛督查固网络。先后组织赴北京通州区、海南三亚市、云南石林县、河南邓州市、山西万荣县、陕西临渭区、广西兴安县和贵港市、广东阳江市和恩平市、安徽庐江县、河北曲周县和辛集市、河南驻马店市和南阳市、河北永年区、云南江城县以及勐腊县和勐海县共 13 省（自治区、直辖市）19 县（市、区）实地调研，督促检查植保能力提升工程田间监测点建设情况，发现反馈智能化监测设备靶标识别精准度、有效性和数据对接等关键性问题，现场连线解决监测设备使用培训、运行维护等问题，真正将"织牢织密监测预警网络"落到田间地头。三是创设机制验性能。首次开展全国性智能虫情测报灯图像自动识别与计数性能、性诱设备诱虫能力及自动计数准确率现场比试，并面向社会公布详尽测试结果，达到了"测试标准统一公开、测试过程严格公平、测试结果清楚公正"的效果，引发了监测设备研发应用全链条的关注和思考，探索出一条以实效检验评价监测设备性能、以技术引领市场健康有序发展的新路径，突出了推广机构作为标准制定者和效果验证者的公益性地位。

（二）抓住关键，提升监测预警决策支撑高效性和引领力

在组织全国各级植保机构加密加力开展一类农作物病虫害系统监测和田间普查的基础上，召开全国农作物重大病虫害发生趋势会商会5次，发布全国农作物重大病虫害发生动态和趋势预报25期，并通过中央电视台天气预报栏目、"三农早报"广播栏目、全国农技推广网和微信公众号，以及《人民日报》要闻报道公开发布和宣传报道，3—9月逐周调度并供稿形成《种植业快报—病虫害防控专刊》、部信息专报等重要材料多期，做到时时紧盯、提前预警、分类施策、逐区过关。一抓关键时机。在CCTV-1联合播出赤霉病警报，抓住了4月中旬长江中下游大面积普防、4月下旬长江中下游补防与黄淮普防的窗口期；6月下旬发布稻纵卷叶螟、棉铃虫警报，抓住了跨区域迁飞、集中降落产卵的提前预防期；7月底8月初发布南方锈病警报，抓住了台风登陆后深入黄淮海玉米主产区，锈病传播、潜育的3～4周黄金预防期。二抓关键区域。在5月底早稻收获期实地调研海南稻飞虱"冒穿"田块，以点带面督促华南、西南各地开展虫量普查和病毒病带毒率测定，为摸清基数、压前控后提供坚实数据支撑；在6月底7月初追踪川渝地区"两迁"害虫集中突发现象，参与两省（市）联防联控会议，倡导建立区域性联防联控机制。三抓新增种类。积极响应农业农村部2023年对《一类农作物病虫害名录》的修订和增补，对新增有标准的亚洲玉米螟、油菜菌核病，进一步抓紧抓好田间调查、信息调度和预报发布；对新增无标准的蔬菜蓟马、玉米南方锈病、大豆根腐病、番茄潜叶蛾，系统谋划监测布局、深入研究发生规律、明晰监测技术要点、初步建立报表体系，组织制定测报技术规范草案，从而填补了新增种类测报标准化的短板缺项，全方位打牢一类农作物病虫害可防可控的技术根基。

（三）突破瓶颈，推动数字化精准监测预警技术跨越式提升

抓住新时期数字化精准监测预警技术大发展的窗口期，扎实推进5个"十四五"重点研发计划、1个国家自然科学基金项目以及国际合作项目，安排布置小麦流行性病害监测仪监测、水稻品种与稻瘟病小种互作关系监测（主产省暨重点县）、马铃薯品种与晚疫病小种互作关系监测（主产省暨重点县）、单波长灯具诱测、草地螟性诱和食诱监测、稻纵卷叶螟食诱监测、小虫体智能测报系统监测以及中韩项目合作监测8项试验验

证，不断在实践中提升监测预警的装备水平和技术潜能。一是打好框架促对接。针对监测对象分类层级和名称五花八门以及监测设备来源不同、参数和性能参差不齐、采集和上报数据缺乏连续性和可比性等难点问题，牵头研制3项数据编码和对接标准草案（《农作物病虫害监测对象编码规范》《农作物病虫害物联网监测设备编码规范》《农作物病虫害物联网监测数据规范》）以及《昆虫雷达监测迁飞性害虫技术规范》，为监测数据"五统一"无缝对接提供基本协议。二是重构布局强功能。以重大病虫害种类为主线重构数字化监测预警系统，突出分析展示、数据融通，初步建立跨区迁飞性害虫天空地一体化监测预警系统，实现23台雷达联网运行以及9 314台物联网设备接入平台、垂直管理；创新运用大区流行性病害孢子传播与风险预警模型，对小麦条锈病进行3—5月逐周滚动的中高风险区预测，实现了预测时间提前1~4周、预测区域精确到县级以下，为前瞻性技术规模化应用打好基础。三是虚实结合引关注。以测报关键技术环节主动入位国家农业技术集成创新中心建设，主导创建的"新疆粮棉果种植区病虫害全程绿色监控技术集成示范基地"和"东北一作区病虫害全域网格化监控技术集成示范基地"通过首批评定，并在全国肥料"双交会"、农技推广人员骨干培训班上做典型宣介。先后在中国智慧植保与农业绿色发展大会、2023"一带一路"智慧农业高峰论坛、2023中国西部植保"双交会"、2023中国国际农业机械展览会暨智慧农业大会上做专题报告，展示智慧测报建设成果和未来蓝图，阐明数字化精准监测预警能力建设是农业高质量发展的重要基础，提升了行业内外、社会各界对智慧测报的关注力。

三、农作物重大病虫害防控指导

2023年，全国农作物病虫害防治体系紧密围绕农业农村部"两稳两扩两提"目标任务，以"虫口夺粮"促丰收为宗旨，组织开展了病虫害防控"百千万"技术指导行动，绿色防控"双百"遴选活动，有效提高了防治技术到位率，充分发挥了植保防灾减灾作用，为促进全年粮食生产再上新台阶提供了强有力支撑。

（一）聚焦提高技术到位率，全力做好重大病虫害防控技术指导

一是制定重大病虫防控技术方案。按照农业农村部印发的《2023年"虫口夺粮"

保丰收行动方案》，紧扣农时和生产实际需要，分时段、分作物及时制定印发粮食、油料及经济作物重大病虫害防控技术方案、指导意见等 40 个，紧盯生产需求、主动入位、跟踪指导，及时组织制定新发和加重病虫害的防治技术方案意见，提供技术服务。同时紧跟天气和病虫情变化，"分灾情、分时段、分作物"因地制宜制定技术意见，分别在 7 月台风洪涝等灾害高发期、8 月秋粮病虫害发生危害高峰期、10 月小麦秋冬种病虫害防控关键期，适时制定重大病虫害防控技术指导意见，引领病虫害防控技术面向基层一线走深走实。

二是组织召开重大病虫害防控技术现场会。为落实部党组稳粮扩油中心任务，专门组织召开了油料作物病虫害防控技术研讨会，交流了工作情况，研讨了工作思路。配合农业农村部种植业管理司先后组织召开小麦条锈病防控现场会、小麦穗期重大病虫害防控现场会、小麦秋播药剂拌种防控现场会、水稻病虫害统防统治与绿色防控推进会、夏蝗发生趋势会商与防治技术研讨视频会，推进防控工作有序有力开展。组织召开全国农作物病虫害防控总结会，并举办第二届绿色防控高层论坛，研讨重大病虫害绿色防控工作思路和推进措施建议，不断强化病虫害防控意识，为夺取全年粮食丰收保驾护航。

三是开展重大病虫害防控技术指导培训。举办全国大豆病虫害防控技术培训班、农作物病虫害绿色防控技术培训班、生物食诱剂防治农作物害虫应用技术培训班、小麦病虫害防治新药剂应用技术培训班等，培训全国重点植保技术人员 225 人次，促进了绿色防控技术推广应用。发挥中心组织能力，在关键时节先后 40 余次赴粮食大省的生产一线，开展重大病虫害防控督导指导；组织全国植保体系开展病虫防控技术指导"百千万"行动。据统计，全年各级植保机构派出 7.38 万个指导组的 125.66 万人次，组织观摩培训 5.57 万场次，指导农户、种植大户以及新型经营组织 265.6 万人次，有效扩大了防控技术覆盖面，切实提高了防控技术到位率，较好遏制了重大病虫重发危害，推动实现"虫口夺粮"保丰收。

（二）聚焦提高绿色防控覆盖率，集成推广病虫害绿色防控技术模式

一是集成配套绿色防控技术模式。着眼于粮油作物大面积提单产核心目标，重点围绕大豆玉米带状复合种植、豇豆农药残留突出问题攻坚治理等关键任务，组织各地大力示范推广生态控制、理化诱控、免疫诱抗、天敌保护利用等绿色防控技术，通过试验示

范，集成推广了"全覆盖防虫网＋生物防治＋理化诱控""设施栽培＋土壤微生态调控＋天敌昆虫＋生物农药＋引诱剂"等多套绿色防控技术模式，为绿色植保提供了强有力技术支撑。

二是强化绿色防控示范带动。在全国建立水稻、小麦、玉米、马铃薯和果菜茶病虫害绿色防控示范区42个，共带动各地建立各类示范区3.3万多个，核心示范面积3.8亿亩，逐步构建了新时期"政府推动、技术驱动、企业助动、大户带动"的绿色防控发展格局，促进了绿色防控技术推广应用。据初步统计，2023年主要农作物病虫害绿色防控面积12.7亿亩，绿色防控覆盖率达到54.1%，同比提高2.1个百分点。通过示范带动，不断夯实农业绿色发展根基。

三是组织开展绿色防控"双百"遴选。在全国组织开展农作物病虫害绿色防控"双百"遴选工作，按照标准，经省级植保机构审核推荐、中心组织专家评定，遴选建立全国农作物病虫害绿色防控技术示范区100个，发布推广绿色防控技术模式100套，并在第三十七届全国植保"双交会"第二届绿色防控高层论坛上举办了授牌仪式。通过开展绿色防控"双百"遴选推广活动，进一步扩大了绿色防控技术的社会影响力，为促进绿色防控技术应用营造了良好的社会氛围。

（三）聚焦提高植保贡献率，不断强化植保防灾减灾技术支撑

一是推动重大病虫害防控项目实施。组织实施全国小麦"一喷三防"和秋粮"一喷多促"项目，实现了农作物生产"四好"（增产、减损、提质、带动）的效果。据统计，今年小麦累计喷防作业5.56亿亩次，同比增加16.3%，其中统一作业3.9亿亩次，同比增加17.5%，黄淮海部分主产麦区喷防2遍以上，亩均增产54～64斤。协助种植业管理司、安全与质量监督管理司开展豇豆农残突出问题攻坚治理行动，负责云南、江西2省包省包片督导指导工作，聚焦生产环节，强化绿色防控，通过举办观摩会、培训班等多种形式，确保政策宣传到位、信息沟通顺畅、服务指导及时、治理效果明显，绿色防控技术支撑作用得到充分展现。

二是加强技术攻关和项目研发。针对小麦赤霉病、水稻螟虫、豇豆蓟马等农作物病虫害防治难、危害重的问题，组织安徽、江苏、海南等省植保体系开展新技术、新药剂试验示范28项85点次，推动绿色防控技术简便化、实用化、高效化。结合"十四五"

国家重点研发计划项目有关草地贪夜蛾、小麦条锈病、稻飞虱、番茄潜叶蛾等课题任务实施，在试验明确病虫害防治关键技术的基础上，开展防控实用技术集成示范、总结提升、推广应用，不断提高重大病虫害防治技术水平。

三是开展病虫害防控植保贡献率评价。组织专家研讨论证，制定发布了新版的《农作物病虫害防控植保贡献率评价办法》，组织河北、黑龙江、河南、山东、安徽和广东等18省植保体系，系统开展了小麦、水稻、玉米等作物病虫害防控成效与植保贡献率评价试验。通过各地科学选点试验、规范设置处理、客观测算评估，测定明确2023年全国三大粮食作物病虫害防控植保贡献率30.59%，其中，小麦27.58%、水稻40.58%、玉米25.66%，客观反映了植物保护在粮食减损增收方面的重要作用。

四、植物疫情风险分析与监管阻截

2023年，植物检疫工作突出重点地区、重要环节，强化疫情风险分析、检疫监管和阻截防控，根据国家粮食和重要农产品生产布局，结合疫情发生发展动态，组织监测调查和阻截防控，有效遏制了疫情传播、扩散和蔓延。

围绕保障种子健康，促进优良品种的引进，防范外来有害生物入侵，加强境外引种隔离检疫工作。印发《关于组织开展2023年度国外引进种子种苗隔离试种的通知》，规范隔离检疫程序，组织全国5家隔离场对原产自德国、法国、日本等50个国家的315余批次进口种苗开展了隔离试种和疫情监测。加强对首次引进和高风险种苗的隔离检疫，完成了玉米、番茄、辣椒、西瓜等105个引进品种的隔离检疫工作，确保了境外优良品种引种安全。对从塞尔维亚引进的大豆、向日葵、小麦种子开展了风险分析，对可能携带的100余种重点关注的有害生物开展了风险评估，建议将番茄环斑病毒、黄萎轮枝孢等18种有害生物添加进检疫审批要求。完成了大豆种质资源可能携带的巴拉那根结线虫等5种有害生物的《基于集成模型的大豆有害生物的潜在分布预测》风险分析报告。完成了新德里番茄曲叶病毒（ToLCNDV）风险分析，建议将其列入我国进境植物检疫性有害生物名录。积极推进检疫性有害生物快速检测技术应用，与中国动物卫生与流行病学中心及其下属青岛立见公司开展合作，在隔离场联合成立"植物检疫性病虫害研究与检测中心"，创立"普垄特"植物疫情快速检测品牌，开发完成了38种植物检疫性病虫害快速检测试剂盒，提高植物疫情监测与检测能力，为开展产地检疫、调运检疫等工作提供有力支撑。

在植物疫情监管方面，重点强化疫情信息分析。扎实做好疫情发生动态调度，收集、分析、报送国内外植物疫情信息，报送疫情年报 1 期、月报 12 期、快报 137 期；制作 31 种全国农业检疫性有害生物分布图，红火蚁、柑橘黄龙病月度发生动态图，为重点疫情科学管控提供参考依据。此外，在江苏、新疆、天津、河北、辽宁、陕西、宁夏、甘肃开展苹果蠹蛾、柑橘小实蝇等智能监测试验，为科学监测提供支撑。重点强化组织发动和示范展示，召开全国红火蚁防控现场会，在江西、福建开展红火蚁药剂筛选试验，组织各地利用中央财政资金，持续开展红火蚁春、秋两季集中防控行动。做到两次集中防治重点区域、新发区域全覆盖，取得了扩散蔓延减缓、发生面积减少、发生程度减轻的初步成效。召开疫情联合监测与防控协作组会议，制定重大疫情年度阻截防控方案，在黑龙江开展大豆疫霉病菌处理及防控试验，在福建、江西、湖南开展红火蚁防控药剂筛选比对试验，在广西、四川开展柑橘黄龙病及柑橘病虫害全程防控试验示范，在江苏、浙江、安徽、广东开展水稻细菌性条斑病菌防控药剂对比试验及除害处理试验，在甘肃开展梨火疫病菌防控药剂试验，组织各地对本地重大疫情开展封锁防控，确保水稻细菌性条斑病、大豆疫病、柑橘黄龙病等重大疫情未大面积暴发成灾。此外，组织开展茄科作物新发有害生物普查，进一步查清新发突发的番茄褐色皱果病毒和新德里番茄曲叶病毒发生情况，召开有害生物审定委员会会议，提出修订名单，加强检疫管控的意见建议，努力防范新疫情快速蔓延危害。

在植物疫情检疫管理方面，2023 年，办理从国外引种检疫审批 11 090 批次，其中部级 2 387 批次，省级 8 703 批次。全年严格把关，驳回或要求修改有关申请 167 批次，100% 按时办结、零投诉。引进种子 9 048 批次、4.5 万吨，苗木 2 042 批次、15.1 亿株。针对近年来国外引进种子、种苗批次逐年增加，有害生物传入风险进一步加大，外来有害生物入侵加快的严峻形势，全国农业技术推广服务中心统一组织有关专家和相关省植物检疫人员，重点对审批引进牧草的集中种植区开展疫情监测调查，各省按照统一部署安排，完成从国外引种检疫疫情监测面积 40 万亩以上，不断强化引种后续检疫监管。根据首次引种情况开展隔离试种工作，国家植物检疫隔离场共完成玉米、番茄、辣椒、西瓜等 90 余批次进境植物种子的隔离试种工作，其中对来自泰国、荷兰的番茄、辣椒等 22 批次出现疑似检疫性有害生物危害症状的样品，开展专家现场鉴定或实验室送样检测，结果均未发现检疫性有害生物。加强产地检疫和调运检疫，水稻、玉米、小麦等主粮作物产地检疫面积基本达到全覆盖，全年签发产地检疫合格证 5.8 万份，产地检疫总面积 3 567.02 万亩，种子总质量 1 456.3 万吨，苗木 171.3 亿株。全年签发农业植物、植物产品调运检疫证书 44.0 万份，经检疫合格调运种子 386.9 万吨，苗木 80.6 亿株。

五、科学用药与药械使用

2023 年是化学农药减量化行动实施的关键一年，通过加大高效低风险农药和先进施药器械试验示范推广，强化科学安全用药指导，推进专业化统防统治与绿色防控融合，促进了化学农药持续减量增效。2023 年全国种植业农药使用量（折百量）24.21 万吨，比上年减少 1.3 个百分点，农药利用率达到 42.7%，高毒农药使用比例下降到 1% 以下，自 2015 年实施农药零增长行动以来实现连续 8 年农药使用量负增长。

围绕农药减量增效，以生物农药，植物健康产品，纳米农药和防控抗药性病、虫、草害为重点，组织各地开展新药剂、新剂型、新助剂试验示范，筛选出一批环境友好型绿色农药品种及其配套使用技术。建立新农药、新技术、高效药械集成展示示范区以及主要有害生物抗药性治理示范区 350 多个，重点推广农药减量控害技术、抗药性综合治理技术、作物病虫害综合解决方案、农机农艺融合技术以及植保机械标准化模式，测算数据显示，示范区化学农药使用总量减少 10% 以上，并大大提高了防治效果和效率。

大力推进统防统治专业化服务的模式创新，加大政策引导和政府支持力度，推进服务方式升级换代，鼓励专业化防治组织由初级的代防代治向高级的全程承包服务转变，推动统防统治与绿色防控融合，服务组织不断壮大、服务能力明显提升、综合效益快速增长。据统计，2023 年全国专业化统防统治覆盖率达到 45.2%，比上年提高 1.6 个百分点。

联合农药行业协会、近百家农药械企业共同继续开展"科学安全用药大讲堂"活动，将安全用药技术传递到基层，全年开展线上线下培训 8 万场以上，培训人数约 800 万人次以上，农民科学安全用药的意识和水平显著提升。

第二章
农作物病虫害发生与监测

一、农作物重大病虫害发生概况

（一）小麦主要病虫害

2023 年小麦病虫害总体偏轻发生，其中纹枯病、白粉病、茎基腐病中等发生。全国发生面积 4 124.5 万公顷次，为 1990 年以来最小，比 2022 年减少 1.3%，比 2017—2021 年均值减少 21.8%。其中，小麦病害发生面积为 2 185.6 万公顷次，比 2022 年增加 6.1%，小麦虫害发生面积 1 938.8 万公顷次，比 2022 年减少 8.4%。

1. 小麦蚜虫

小麦蚜虫总体偏轻发生，其中西北、华北局部麦区中等发生。全国发生面积 1 017.9 万公顷次，为 1990 年以来最低，比 2022 年减少 8.0%，比 2017—2021 年均值减少 22.7%，造成产量实际损失 39.5 万吨。

（1）发展前快后慢。 受暖冬气候影响，各地蚜虫基数偏高。四川年前 12 月下旬调查，平均百株蚜量 120 头，2 月早春基数调查，平均虫田率 23.0%，平均百株蚜量 325.6 头，均高于 2022 年同期。2 月初，江苏、山东始见，3 月初河北南部始见，时间均早于 2022 年和常年。3 月底各地平均百株蚜量，重庆、四川为 176～260 头，江苏、湖北、浙江为 30～110 头，河北、山西为 6～35 头，均高于 2022 年和常年同期。4 月，主产麦区气温起伏大，连续降水多，对虫量上升极为不利。五月初各地平均百株蚜量，江苏、安徽为 5～14 头，低于常年的 20～30 头，河南、河北、山东、山西、陕西为 60～398 头，低于常年的 140～600 头。

（2）定局发生轻。 黄淮、华北麦区积极开展统防统治，大面积实施小麦"一喷三防"，有效减少了蚜虫危害损失。5月底，山东、山西、河南、河北平均百株蚜量40～200头，低于2022年的78～304头，低于常年的90～590头。

2. 小麦条锈病

小麦条锈病总体偏轻发生，全国发生面积51.4万公顷，为2001年以来发生面积最小；共计15个省（自治区、直辖市）113个市431个县见病，同比减少218个县。

（1）秋苗发生轻。 由于越夏菌源较少、西北秋苗主发区秋季降水偏少，2022年小麦条锈病秋苗总体病情轻于常年、重于2022年。截至2022年12月10日，西北秋苗主发区的陕西、甘肃、宁夏、青海4省（自治区）12市（州）37个县见病，发生面积5.7万公顷，比2021年同期增加23.1%，比2016—2020年均值减少66.4%，为2010年以来发生面积第三小的年份；发生县数比2021年同期增加11个，比2016—2020年均值减少14个。甘肃定西，宁夏固原、吴忠，青海循化发生较重，平均病田率为20%～40%。西南冬繁区四川、贵州、云南3省4市7个县查见零星发病田块。

（2）冬繁区越冬菌源少，西南麦区病情扩展慢。 汉水流域麦区，陕西截至2023年1月13日仅咸阳兴平见病，菌源基数为2010年以来同期最低，1月下旬调查，病叶全部枯死；湖北荆州2023年2月16日首次见病，比常年偏晚50天，是近10年第二晚的年份；河南冬季未见病。西南麦区，云南、四川2022年11月中下旬首次见病，时间接近常年但由于冬季降水偏少，病情扩展缓慢，各地多为零星见病。截至2023年2月底，汉水流域和西南麦区6省（自治区、直辖市）138个县见病，发生面积2.3万公顷，发生县数和面积比2022年分别增加33个县和0.4万公顷，分别比2017—2021年同期均值减少66个县、9.5万公顷（减幅80.5%）。

（3）春季向东扩展慢，危害损失轻。 3月，条锈病在汉水流域扩展有所加快，湖北、陕西2省一月内增加见病县数22个，新增发生面积2.4万公顷；但受3月上中旬降水偏少影响，周边的安徽、河南分别于3月26日、4月10日始见，晚于常年。4月中旬，黄淮华北麦区降水条件较好，出现一次自江汉平原经河南南部向东北方向的传播，截至4月19日，山东西南部、河北南部共有4市8个县（市、区）见病，始见期较近三年早10～20天。4月下旬至5月，主产麦区广泛开展小麦赤霉病防控和"一喷三防"，对条锈病兼治效果明显，各地病情多为点片发生，病情总体扩展缓慢。截至5月底，在全国14省388个县见病，县数比2022年减少232个县，累计发生面积25.7

万公顷，比 2022 年减少 33.4%；累计防治面积 181.3 万公顷次，为发生面积的 7 倍，广泛细致的早期调查和防控将病害限制在初发阶段，有效遏制了病害在主产麦区的流行。

3. 小麦赤霉病

小麦赤霉病偏轻发生，陕西关中、河北南部局部、沿江及沿淮局部麦区偏重发生。全国预防控制面积为 2 076.6 万公顷次，为历年最大，共挽回损失 373.1 万吨；病害流行得到有效控制，最终全国发生面积 246.2 万公顷，比 2022 年增加 19.2%，比 2017—2021 年均值减少 31.6%；病害造成实际损失 16.6 万吨，比 2017—2021 年均值减少 47.6%。

（1）菌源基数大、局部见病早。 常发区小麦与水稻、小麦与玉米常年轮作，田间秸秆存量大、带菌率高，河南、江苏、浙江、安徽、四川平均秸秆株带菌率为 3%～10%，接近常年，满足大流行菌源条件。4 月上旬，沿江麦区已零星显症，其中江苏始见期较往年早约 15 天。

（2）长江流域和江淮麦区扬花期降水少，总体病情轻。 抽穗扬花期，沿江和江淮大部麦区未遇大范围连阴雨天气，田间病情总体较轻。平均病田率，大部在 3% 以下，四川蓬安、通江，重庆梁平，湖北蔡甸，安徽霍邱等地为 3%～10%，局部沿江、沿淮、沿海麦区较高，如湖北鄂州以及黄陂、嘉鱼，浙江海盐为 30%～50%，安徽凤台为 100%；平均病穗率，大部在 1% 以下，湖北嘉鱼、四川射洪、浙江海盐为 3.1%～6.2%。乳熟期定局调查，平均病穗率大部在 3% 以下，重庆忠县、梁平，四川射洪、渠县、蓬安，湖北嘉鱼为 5.2%～25.2%。

（3）沿黄及以北麦区扬花期至灌浆期降水偏多，陕西关中、豫中北部局部地区发生重。 4 月下旬至 5 月，沿黄及以北麦区有多次连阴雨天气，病情发展加快。乳熟期调查，河南滑县、浚县，陕西勉县、富平、周至、兴平，河北安新见病普遍，平均病田率均达 70%～100%；平均病穗率，陕西蓝田、临潼、高陵、泾阳、南郑为 12%～28.9%。

经大力防控，全国平均病穗率 1% 以下、1%～3%、3%～5%、5% 以上的发生面积分别占总发生面积的 62.3%、16.4%、11.7% 和 9.6%，总体对小麦的产量和品质危害不大。但值得注意的是，受烂场雨影响，黄淮麦区病穗率 5% 以上发生面积占总发生面积比例达 4%，比 2020—2022 年均值 2% 高一倍；生长后期，尤其灌浆期降水对赤霉病菌潜伏菌丝的扩展和毒素产生有促进作用。

4. 小麦白粉病

小麦白粉病总体中等发生，河南北部、陕西关中、山西和云南西部的局部麦区偏重发生。全国发生面积530.8万公顷次，比2022年增加10.1%，比2017—2021年均值减少6.93%，是近30年来第三轻，仅重于2019年和2022年。

（1）冬春菌源基数偏高。 秋苗期，河南安阳、濮阳等地已见病，零星发生，接近常年；陕西渭北越夏区域见病，基数高于2022年同期，发生面积3.1万公顷，较2022年增加2.2万公顷；甘肃发生13.4万公顷，陇南、天水、平凉等地早播和旺长田发生较重，平均病叶率6.6%，最高60%。返青拔节期，陕西发生面积发生8.0万公顷，平均病叶率2.2%，高于2022年同期0.6%；河南西部和北部越夏区及其附近麦田普遍见病，沿黄、豫南稻茬麦田零星发生，全省平均病田率5.8%，同比提高0.4个百分点；安徽沿江以及淮北，江苏沿淮、沿海等地零星见病，其中江苏阜宁首见，始见期较2022年早37天。

（2）后期发展快、局部危害重。 3月至4月上旬江淮、黄淮降水偏少，病情扩展较慢，4月中下旬开始黄淮麦区降水偏多，白粉病扩展加快。各地4月底至5月初调查，山东全省平均病叶率7.9%，高于2022年和2021年同期，其中德州、菏泽等地平均病叶率为8.5%～13.2%；江苏全省平均病叶率为3.9%，局部地区最高达8.5%，高于2022年同期，沿淮、沿海以及淮北部分感病品种的病斑已上升到倒二叶、剑叶、麦芒，病叶率超过10%；陕西发生面积21.0万公顷，同比增加3.7倍，平均病叶率7.78%，高于2022年同期的1.89%。5月中下旬定局调查，河南全省平均病田率22.6%，病叶率4.46%，同比减少2.34个百分点，但通许、武陟等地最高病叶率达100%；山东平均病叶率9.5%，鲁中、胶东半岛部分地区平均病叶率10%～30%；安徽病叶率一般为0.5%～3.7%，部分重发区域病叶率可达25.1%；江苏发生面积72.5万公顷，同比减少61.9%；河北平均病叶率9.7%，永年、枣强最高可达80%以上。

5. 小麦纹枯病

小麦纹枯病总体中等发生，其中，河南大部，江苏沿淮、淮北局部麦区偏重发生。全国发生面积696.0万公顷，比2021年减少2.5%，比2017—2021年均值减少11.68%。

（1）秋苗病情总体偏轻。 黄淮、华北等麦区秋苗发病面积43.7万公顷，比2021年同期增加6.9%，比2018—2020年同期均值减少5.7%，病情轻于2021年和常年。

全国平均病株率 1.4%，低于 2021 年同期的 2.8% 和 2018—2020 年同期均值的 1.9%。其中，山东、河南平均病株率分别为 1.8% 和 1.4%，河北、山西平均病株率分别为 1.0% 和 0.8%，均低于 2021 年和常年；但河北永年等地秋苗最高病株率达 6.5%。

(2) 春季扩展前慢后快，沿淮淮北、黄淮局部地区发生重。 3月主产麦区降水偏少，病情扩展慢，4—5月大部主产麦区降水偏多，后期病情有所扩展。4月底，全国发生面积 535.0 万公顷，比 3月底增加 41.4%；平均病株率，河南、山东为 10.7%~13.9%，湖北、安徽、江苏、河北、山西、陕西为 1.9%~6.9%。5月中下旬定局调查，山东平均病株率 14%，高于 2022 年同期，胶东半岛、鲁西南部分地区病情相对较重，平均病株率 16.5%~27.7%；河北发生面积为 43.5 万公顷，同比减少 2.9%；河南发生面积 262.4 万公顷，同比减少 4.7 万公顷，其中白穗面积 109.0 万公顷，白穗率 5% 以上的面积 0.12 万公顷；江苏全省大田最终侵茎率 3.1%，病情指数 1.6，其中徐州大田最终侵茎率 7.9%，病情指数 4.6，淮安、盐城、连云港等沿淮淮北麦区发生程度也明显高于全省平均水平，重于 2022 年。

6. 小麦茎基腐病

小麦茎基腐病在黄淮、华北麦区总体中等发生，其中河南北部、东部和西部，山东西部和北部，河北中南部，山西西南部局部麦区偏重发生。全国发生面积 377.9 万公顷，为 2018 年以来最大，比 2018—2022 年均值增加 108.6%。

(1) 苗期基数高，秋季见病早。 秋苗期调查，山东省 11月上中旬已开始零星显症，青岛市冬前调查，平均病田率 5.5%，平均病株率 4.5%，最高 16%。返青期，河北平均病株率为 0.6%~1.3%，河南、山东、山西平均病株率 1.9%~3%，重于常年。

(2) 春季扩展快。 拔节期，茎基腐病进入水平扩展盛期，4月初晋冀鲁豫等主发区发生面积 87.5 万公顷，比 3月初增加 1.4 倍；平均病株率，河南、山东、山西为 3.1%~3.8%，河北为 1.5%，其中河南、山西平均病株率比 2022 年同期高 0.3~2 个百分点。

(3) 后期发生重。 5月下旬调查，河南平均病田率 30.5%，白穗率 5% 以上的面积 10.5 万公顷；山东平均病株率 9.3%，较 2022 年同期高 1.3 个百分点，胶东半岛、鲁西南、鲁中部分地区病情相对较重，平均病株率 10%~18.6%；河北中南部部分地块发生普遍，平均白穗率为 0.5%~2%，鹿泉最高达 50%。

（二）水稻主要病虫害

2023年全国水稻病虫害总体中等发生，重于去年，虫害重于病害。全国发生面积6 588万公顷次，同比增加6.7%，其中，虫害发生面积4 798万公顷次，同比增加10.5%，病害发生面积1 790万公顷次，同比减少2.3%。

1. 稻飞虱

稻飞虱全国总体偏重发生，稻飞虱累计发生面积1 700万公顷次，同比增加10.6%，造成实际损失61万吨。

(1) 迁入期偏早，褐飞虱占比偏高。据各省监测，稻飞虱从1月初陆续迁入我国南方稻区，华南、西南、长江中下游稻区迁入期较2022年偏早2～15天。全国307个水稻监测点的稻飞虱全年灯下累计诱虫289.0万头，同比增加53.7%，比2013—2022年均值（以下统称"近十年均值"）减少32.5%。其中，白背飞虱诱虫量107.4万头，同比减少6.0%，较近十年均值减少53.4%；褐飞虱诱虫量181.6万头，同比增加1.5倍，较近十年均值增加29.5%，其占比较去年增加23.6个百分点，较近十年均值增加27.2个百分点。

(2) 华南稻区后期重发，局部地区出现"穿顶"。华南稻区总体偏重发生，广东、福建早稻平均百丛虫量为110～240头，同比增加12.8%～15.1%，晚稻平均百丛虫量为470～490头，同比增加44.5%～260%；广西早中稻平均百丛虫量为340～740头，同比减少12.7%～31.7%，晚稻平均百丛虫量为610～860头，同比增加10.9%～70.1%。8月上旬后，出现明显回迁虫峰，广西东北部和西南部、广东北部、福建东部局部地区百丛虫量达0.3万～3.0万头，个别田块出现"穿顶"。

(3) 西南稻区前期迁入虫量大，川渝交界局部大发生。西南稻区总体偏重发生，4月中旬至5月下旬，西南大部稻区出现迁入峰，其中，重庆彭水5月3日至6日、贵州余庆5月16日至22日分别累计诱虫0.4万、8.0万头。受前期虫源迁入量大的影响，四川、贵州、重庆田间百丛虫量高，川渝毗邻地区大发生，其中，四川平均为1 700头，同比增加2倍以上；贵州一般为700～1 500头，最高可达2万；重庆平均为420头，同比增加2.9倍。

(4) 江南稻区后期迁入虫量突增，田间虫量增长迅速。江南稻区总体偏重发生，8—9月，江南稻区出现2～4个迁入峰，江西、湖南、浙江各省灯下累计诱虫量分别为

81.4 万、17.4 万、4.2 万头，同比分别增加 19.6 倍、2.7 倍、4.0 倍。受稻飞虱持续迁入影响，9 月江南稻区田间虫量增长迅速，其中，江西百丛虫量一般为 700～1 100 头，月环比增加 75％～83％，短翅成虫占比明显高于去年；湖南 9 月下旬有 17 个县百丛虫量超 500 头，发生县数同比增加 70％；浙江 9 月下旬平均百丛虫量 734 头，较 8 下旬百丛虫量增加 5 倍。

(5) 长江中下游和江淮稻区发生较轻。长江中下游和江淮稻区总体偏轻发生，百丛虫量一般低于 200 头，但湖北 7 月下旬五（3）代、安徽 9 月下旬七（5）代百丛虫量为 300～400 头，皖南、鄂西、鄂北个别漏防田块超 3 000 头。

2. 稻纵卷叶螟

稻纵卷叶螟全国总体偏重发生，累计发生面积 1 352 万公顷次，同比增加 33.3％，造成实际损失 41 万吨。

(1) 灯下迁入虫峰明显，灯下蛾量历史最高。稻纵卷叶螟从 4 月开始陆续迁入我国，全国 307 个水稻监测点的稻纵卷叶螟全年灯下累计诱蛾 106.7 万头，同比增加 1.2 倍，比近十年均值增加 2.1 倍，为历史累计诱蛾量最高年份。5—9 月南方各稻区出现迁飞高峰 2～4 个，其中，华南稻区于 5 月上旬、6 月中旬、7 月下旬、8 月下旬，江南稻区于 6 月上中旬、7 月中旬、8 月中旬，长江中下游稻区于 7 月下旬、8 月上中旬、9 月上中旬，西南稻区于 6 月中旬、7 月中旬灯下监测到明显蛾峰。

(2) 华南江南稻区偏重发生，局部地区大发生。亩幼虫量，湖南一般为 0.2 万～1.2 万头，湘南、湘中北、湘西局部超 6 万头；广西一般为 0.3 万～1.0 万头，其中，第二、三代发生较重，桂南、桂东北、桂西个别田块超 10 万头；福建一般为 1 500～5 000 头，同比增加 4％以上，其中，第三（2）至五（4）代发生较重，平均卷叶率达 2％～4.2％；广东一般为 1 000～4 000 头，粤北、粤西、珠三角局部地区超万头；江西一般为 400～2 700 头，其中，赣中、赣西个别漏防田块达 7 万～17 万头，卷叶率超 90％。

(3) 长江中下游稻区夏季田间虫量大，明显重于去年。长江中下游稻区总体偏重发生，其中，安徽、上海 7 月中旬至 8 月下旬亩幼虫量一般为 1 000～8 500 头，同比增加 12.5％以上，上海崇明局部亩幼虫量达 30 万头；江苏 6 月下旬至 8 月下旬亩蛾量为 2 000～5 200 头，同比增加五成以上，沿太湖、沿江及沿海局部地区亩虫卵量超 20 万头粒；湖北 6 月下旬至 8 月中旬亩幼虫量一般为 410～1 100 头，同比增加 2 倍以上。

(4) 西南稻区东西部发生差异明显。西南稻区总体中等发生，西部发生明显重于东部。其中，贵州、重庆偏重发生，主要在黔南、黔东南、渝西南、渝东南发生，田间世代重叠严重，亩幼虫量一般为0.2万~1.3万头；四川、云南偏轻发生，亩幼虫量一般低于200头。

3. 二化螟

二化螟全国总体偏重发生，局部大发生，累计发生面积1 278万公顷次，同比减少0.5%，造成实际损失65万吨。

（1）冬后残虫量同比增加。江南、华南西部和东部，西南北部、长江中下游稻区冬后基数同比偏高。江南稻区，湖南、江西、浙江二化螟亩残虫量为0.9万~1.3万头，同比增加37%~59%，其中，浙江北部、西南部上升趋势明显，最高达5.2万头。华南稻区，福建、广西二化螟亩残虫量分别为5 600头、3 000头，同比分别增加16%、88.6%。西南稻区，四川二化螟、大螟亩残虫量分别为2 500头、780头，同比分别增加14.6%、177.3%。长江中下游稻区，安徽二化螟亩残虫量为2 200头，较上年和近5年同期均值分别增加22.8%、43.7%；上海二化螟亩残虫量为4 000头，较2021年增加1.8倍，大螟为765.8头，较2021年增加5.8倍。

（2）江南、长江中下游稻区重发态势明显，双季稻混栽区、沿江沿淮稻区局部大发生。江南、长江中下游稻区总体偏重发生，江西枯鞘丛率一般为2%~24%，枯心率一般为0.3%~3.7%，白穗率一般为0.1%~1.7%；浙江第二、三代平均亩虫量分别为890头、1 260头，同比分别增加68%、4.7%；安徽第一、二代平均亩虫量一般为100~1 500头，同比增加0.2~1.2倍，较近3年同期增加0.1~1.5倍；上海7月15日前后普查，全市螟害率一般为0.1%~2.5%；湘中南、环洞庭湖区、赣南、赣中、浙中、浙南单双季稻混栽区，长江中下游沿江沿淮稻区局部大发生，亩虫量超万头。

（3）西南、华南、东北稻区偏轻至中等发生，局部地区虫量较大。西南稻区总体中等发生，川渝大部地区偏重发生，贵州中等发生，云南偏轻发生，西南4省（市）发生面积同比持平略降低，枯心率一般为3%~4%。华南、东北稻区总体偏轻发生，大部地区平均亩幼虫量低于400头，枯心率低于1.5%，但广西东北部、中部、西部局部重发，亩幼虫量、枯心率分别达0.2万~6万头、5%~17%；福建内陆稻区发生相对较重，第一、二代亩幼虫量为420~650头，同比增加1%~80.2%。

4. 水稻纹枯病

水稻纹枯病全国总体偏重发生，累计发生面积1 308万公顷，同比减少1.3%，造成实际损失 62 万吨。

（1）华南江南双季稻区偏重发生，晚稻重于早稻。 广东早稻病丛率、病株率分别为 16.3%、8.8%，同比持平略偏低，晚稻受"小犬"和"三巴"等热带气旋影响，田间发病较重，病丛率、病株率分别为 25%、13.5%，同比分别增加 8.2 个百分点、1.5 个百分点；江西早稻病丛率 12%~50%、病株率 3%~25%，晚稻病丛率 6%~55%、病株率 5%~26%；广西平均病情指数、病丛率分别为 12.3%~13.3%、35.3%~49.2%；浙江病株率 1.8%~9.1%，病丛率 2.9%~14.8%。

（2）单季稻区发生差异大。 由于各稻区水稻栽插期不一，因此各地发病始见期差异大。江南、江淮和长江中下游稻区总体中等至偏重发生，病丛率一般为 5%~17%，高的达 60%~100%，病株率一般为 0.2%~7%，较去年同比持平略偏低。西南稻区中等发生，病株率一般为 11%~22%，但滇中南部、黔东、黔南、黔东南、渝中等局部重发，病株率达 67%~96%。东北稻区偏轻发生，辽宁平均病株率 7%；吉林主要在长春、通化、松原、四平、吉林等地区发生；黑龙江主要在中南部稻区、东部垦区发生。

5. 稻瘟病

稻瘟病全国总体偏轻发生，局部老病区、感病品种发生较重，累计发生面积 180 万公顷次，同比减少 18.3%，造成实际损失 16 万吨。其中，华南稻区病叶（穗）率一般为 1%~1.3%，粤西、闽西、桂南、桂东北等感病品种种植区病叶率达 2.5%~25%。西南稻区病叶率一般为 2%~8%，病穗率一般为 1%~3%，但黔北、黔南、川东北、渝西等老病区、优质稻品种种植区发病严重，最高达 50%~100%。江南稻区病叶（穗）率一般为 0.1%~3.9%，但湘西、赣中、赣北、浙南、浙中等山区、老病区发生较重，病叶率为 5%~8%，病穗率达 45%~60%。长江中下游和江淮稻区病叶（穗）率一般为 0.1%~2.5%，与去年相近，沿江沿淮沿海及淮北、鄂东南、鄂西南丘陵山区感病品种发生相对普遍，局部田块病叶率 16%~24%，病穗率达 24% 以上；东北稻区偏轻发生，黑龙江平均病株（穗）率为 4%~4.2%，吉林田间发病率为 1.4%，同比减少 1.4 个百分点，辽宁病叶率一般为 1%~3%，锦州局部最高达 90% 以上。

6. 水稻病毒病

水稻病毒病全国总体轻发生，累计发生面积 10.8 万公顷次，同比增加 2%，造成实际损失 1 万吨。南方水稻黑条矮缩病在华南、西南和江南局部发生，广东主要在粤西历史病区和粤北中造田上发生；海南主要在北部、东南部、南部发生，陵水英州 60 多亩绝收；云南主要在德宏、保山、玉溪等4州（市）12个县（市）发生，平均病丛率1‰；江西主要在吉安以南局部稻区发生。

（三）玉米主要病虫害

2023年玉米病虫害总体中等发生，全国发生面积6 167.5万公顷，比2013—2022年均值减少8.22%。

1. 草地贪夜蛾

草地贪夜蛾总体中等发生，局部偏重至大发生，全国发生面积为271.2万公顷次（按代次累计算），防治面积339.6万公顷次。

（1）发生集中在西南、华南地区。 据统计，西南、华南地区发生面积占全国总发生面积的97.00%，江南和长江中下游地区占2.93%，北方玉米主产区仅零星发生，只占0.07%。

（2）见虫范围明显减少。 2023年草地贪夜蛾发生范围、见虫县数比2019—2022年明显减少和偏缓。据统计，2023年草地贪夜蛾共在全国25个省、882个县区发生，是其入侵我国以来见虫范围最小的一年，比2019—2022年平均减少1~2个省份、397个县，发生北界为北京延庆（40.54°N），与2019年和2022年发生北界纬度相当，但比2020年和2021年偏南1个纬度。

（3）夏秋季集中危害晚播玉米。 夏秋季，草地贪夜蛾主要集中危害长江流域和黄淮地区的秋玉米或晚播夏玉米，田间虫量上升明显，局部地区出现点片集中危害现象，此区域总体发生特点是秋玉米发生重于夏玉米，夏玉米发生重于春玉米，同一季玉米播种迟的发生较重。湖北8月下旬调查，田间平均百株虫量5.3头，咸丰最高250头，玉米被害株率约5.9%，咸丰最高91%；江苏最高百株虫量达80.0头，被害株率60.0%，显著高于春、夏玉米。经过及时进行点杀点治和应急防控，基本没有造成明显产量损失。

2. 玉米螟

玉米螟全国发生面积1 572.29万公顷，与2022年相当，比2013—2022年均值减少20.77%。

（1）一代总体偏轻发生。 东北地区应用抗虫品种、赤眼蜂防治等，近几年一代玉米螟发生面积逐渐减少，发生程度减轻。东北地区冬后平均百杆活虫数低于20头，比

2022 年同期下降 6％ 左右，比常年减少 30％ 以上，为历年虫源最低年份。一代危害高峰期北方春玉米主产区大部平均百株虫量低于 30 头，其中，黑龙江北安和铁力平均百株虫量分别为 81 头和 45.2 头，吉林集安、梨树平均百株虫量分别为 81 头、59 头。

（2）二代幼虫总体偏轻发生，局部虫量偏高。 由于一代幼虫偏轻发生，导致在东北、黄淮海地区的一代成虫诱蛾量低于近年同期，因此，二代玉米螟幼虫总体偏轻发生，仅华北北部虫量偏高。如河北发生盛期调查，全省一般被害株率 1％～10％，平均 3.7％，最高 34％，低于上年最高 60％ 的被害株率；一般百株虫量 1～8 头，平均 3 头，乐亭最高 50 头，发生程度轻于上年，但河北北部平均百穗虫量 15.86 头，张家口万全最高 83 头。

（3）三代中等程度发生，轻于近年，且幼虫量低于棉铃虫。 黄淮海大部平均虫株率 30％～60％，河北穗期调查，全省玉米穗期平均虫株率（包括玉米螟、棉铃虫、桃蛀螟等穗期害虫）40.54％，低于上年同期；江苏滨海虫量较高，达 21.1 头；河南 9 月上旬调查全省平均百株虫量 8.74 头。黄淮海地区各地穗期玉米螟虫量普遍低于棉铃虫虫量。

3. 黏虫

黏虫全国发生面积 238.43 万公顷，比 2013—2022 年均值减少 34.17％。受虫源基数低和不利天气条件影响，2023 年总体发生程度、发生面积不仅小于轻发生的 2022 年，也是近 10 年来发生最低的年份。

（1）二代总体偏轻发生。 河南各地百株虫量一般在 0.5～5 头，发生程度轻于常年，仅开封局部田块中度发生，局部较重地块百株虫量最高达到 30 头；江苏黏虫主要发生在淮北、沿海地区，全省发生区域平均被害株率 0.4％，百株虫量 3.9 头。

（2）三代发生危害轻，劳氏黏虫较为常见。 全国总体轻发生，发生地块多为仅零星见虫，华北和东北地区一般百株虫量 0.1～3 头。其中，吉林仅零星见虫，未造成危害；河南全省平均百株虫量 4.1 头；河北大豆玉米复合种植地块黏虫和甜菜夜蛾混合发生，虫株率为 3％～5％，被害株率为 10％，黏虫百株虫量 1～2 头。近年黄淮海地区劳氏黏虫较为常见，主要危害穗尖，危害时间可持续到 9 月中旬，河北调查危害玉米穗部的害虫有劳氏黏虫、棉铃虫、玉米螟和桃柱螟，部分地区劳氏黏虫占比超过 50％，高于其他 3 种害虫。

4. 棉铃虫

棉铃虫全国发生面积 634.90 万公顷，发生面积虽然比 2022 年减少 3.80％，但比

2013—2022 年均值增加 19.46％，是近 10 年中发生面积第二大的年份。

（1）二、三代发生轻，部分复合种植田块虫量较高。据各地调查，二代、三代棉铃虫在黄淮海夏玉米田发生普遍，总体偏轻发生，河南二代发生盛期调查棉铃虫平均百株虫量 2.01 头，虫株率 2.59％；三代发生盛期调查平均百株虫量 3.75 头，虫株率 4.25％。山西二代在中南部总体偏轻发生，平均百株有虫 1～3 头，最高 5 头，被害株率 2％～3％，最高 10％；三代在南部偏轻发生，接近上年和常年；发生盛期被害株率 5％～7％，临汾部分田块最高 34％。河北二代平均被害株率 2.3％，香河最高 30％，一般百株虫量 1～5 头，平均百株虫量 2.1 头，平山最高 14 头/百株；三代和玉米螟、甜菜夜蛾混合危害，部分大豆玉米带状复合种植田和部分早播春玉米地块虫量偏高，一般百株虫量 1～7 头，最高 35 头/百株。

（2）四代中等发生，局部偏重发生。四代棉铃虫总体中等发生，多与玉米螟混合发生，部分县区穗期虫害调查，棉铃虫量高于玉米螟虫量。河南四代中度发生，危害盛期各地平均百株虫量 1～12 头。山西南部中等发生，接近 2022 年，平均危害穗率为 10％～15％，最高 25％，平均百穗有虫 5～6 头，最高 26 头。河北全省棉铃虫平均百穗虫量 24.53 头，平均虫量高于上年，局部地方偏重发生，多地出现 60～90 头/百穗的地块，博野最高 107 头/百穗。

5. 玉米大斑病

玉米大斑病全国发生面积 502.53 万公顷，是近 5 年来发生面积最大的一年，比 2013—2022 年均值增加 9.5％。

（1）东北地区发生较早，华北地区发生晚于常年。黑龙江多数县发生期早，比常年提前 10 天左右，其中，牡丹江地区 7 月中下旬发病快速上升，8 月进入发病高峰期。华北地区受前期干旱影响，发生期晚于常年。

（2）局部地块偏重发生，总体发生重于 2022 年。黑龙江牡丹江地区发病高峰期，大部分发病植株病斑最终蔓延至棒三叶处；河北一般病株率 1％～10％，承德宽城、廊坊安次最高 100％。

6. 玉米南方锈病

玉米南方锈病全国发生面积 432.16 万公顷，是轻发生的 2022 年的 2.15 倍，是 2013—2022 年均值的 1.61 倍，但比大发生的 2021 年减少 24.97％。

（1）黄淮海地区始见期早。河南 7 月 24 日即在许昌长葛发现玉米南方锈病病叶，较常年提前 10 天左右；河北台风过后 10 天左右，8 月 9 日邢台临城率先查见病叶，10 日石家庄高邑、邯郸大名始见玉米南方锈病病叶，为历史最早始见年份；江苏最早 7 月底见病，始见期较常年早 15 天左右；山东鲁南和鲁西南地区 8 月上旬查见病叶，其他地区一般于 8 月中下旬始见病叶，比常年早 10 天以上。

（2）发生范围广。 7—9 月，玉米南方锈病在黄淮海夏玉米普遍发生，发生范围呈现点多面广，其中，河南主要集中在豫南、豫东、豫中地区，周口、商丘、南阳、驻马店、开封、许昌等 9 市发生面积较大；从河北邯郸至张家口 120 个县均发现玉米南方锈病地块，最北发生县为张家口怀来和宣化，全省统计发生面积 20 万公顷，发生范围为历年来最广。

（3）发生程度重。 7 月下旬受台风"杜苏芮"影响，玉米南方锈病菌原大量传入黄淮海地区，同时夏玉米主产区 8—9 月多阴雨天气，利于病菌孢子的萌发和侵染，加之病害集中显症时植株高大、田间郁闭，易造成适温高湿的小生境，因此呈现发生程度重，部分地区病田率、病株率、病叶率高的特点，黄淮海地区发生程度重于 2022 年和常年，总体与大发生的 2021 年相当。河南 9 月上旬调查，部分发生严重地区病田率、病株率、病叶率均达到 100%；9 月底收获时整株叶片枯黄较为普遍，对灌浆造成一定影响；豫东、豫南、豫中地区发病较重，豫北、豫西发生程度轻于 2021 年同期。江苏全省平均病田率 22.8%、病株率 18.8%、病叶率 9.5%，远高于上年，是 2021 年同期的 4 倍，为近十年来同期最重的一年，沿江部分地区病田率达 40% 以上、病株率达 47.5%、病叶率达 31.5%；沿海地区平均病田率 23.1%、病株率 18.1%、病叶率 7.0%，部分重发田块病株率、病叶率均达 90% 以上。山东菏泽 9 月下旬平均病田率 85%、病株率 57.2%、病叶率 25.2%；枣庄全市普遍发生，部分管理粗放地方平均病株率 52%，最高病株率 100%，平均病叶率 58.4%，最高病叶率 100%。

（4）早期监测科学有效。 一是提前发布预警预报信息。全国农业技术推广服务中心 7 月下旬，紧急印发《全国农技中心关于加强台风"杜苏芮"过境后重大病虫害监测预警工作的通知》《植物病虫情报第 23 期：警惕台风"杜苏芮"过后玉米南方锈病在江南和黄淮海暴发流行》，以及在中央电视台发布玉米南方锈病警报及预报，预测时限提前 4～6 周，8 月开始，执行玉米南方锈病一周两报制度。二是在台风"杜苏芮"过后，及时检测各地玉米叶片被病原菌侵染情况。共计检测黄淮海等地的送检样品 210 份，在 122 份样品中检出玉米南方锈病病原菌，阳性检出率为 58.09%，早期检测起到了在玉米叶片显症之前证明玉米南方锈病已经侵入的重要提示作用，结果及时提供给各省份植保站，提醒做好监测预防工作。三是后期开展田间发生情况与前期检测结果田间吻合度验证。9月中下旬开展黄淮海夏播玉米区玉米南方锈病田间发生情况调查，重点是检测出病原菌地点，检测出病原菌的地区均发生了玉米南方锈病，包括从未发生过玉米南方锈病的河北北部的张家口、承德，吻合度100%，说明PCR检测能早期判断出孢子侵入情况，为各地玉米南方锈病监测防控工作的及早部署提供科学依据。

（5）及时防控有效挽回产量损失。2023年玉米收获期，各地植保机构对个别没有防治田块进行测产，同时走访个别没有防治的散户进行调查，结果显示不防治田块产量损失在30%～60%，与防控田块实际产量损失低于2%形成鲜明对比。如河北武邑没有防控的地块（0.7亩）产量损失在30%以上；廊坊霸州杨芬港镇不防治田块（3亩）产量损失40%，王庄子镇不防治田（2亩）产量损失高达60%；邯郸永年（2亩）不防治田块产量损失为35%，由此可见，2023年玉米南方锈病的监测防控工作挽回巨大损失，为秋粮丰收作出了贡献。

（四）马铃薯主要病虫害

2023年全国马铃薯主要病虫害总体中等发生，据统计，全国发生面积371.18万公顷次，同比减少8.9%，发生面积和发生程度总体轻于2022年。其中，病害发生面积226.92万公顷，同比减少9.7%，主要发生种类有晚疫病、早疫病、病毒病等；虫害发生面积144.26万公顷次，同比减少7.7%，主要发生种类有二十八星瓢虫、蚜虫、地下害虫等。

1. 马铃薯晚疫病

晚疫病总体中等发生，西南大部及武陵山区局部偏重发生，西北、华北、东北偏轻发生。

（1）总体发生程度和发生面积是近10年来最轻年份。受抗病品种种植比例提高、北方夏季气候干旱等因素影响，2023年马铃薯晚疫病总体中等发生，轻于近年。据统计，全国发生面积118.91万公顷，比2022年减少8.1%，是2010年以来发生面积最小的年份。

（2）西南及武陵山区局部发生较重。3月底至4月上中旬，各地陆续查见中心病株，始见期云南、四川、重庆、湖南、陕西南部比常年偏早2～5天，贵州、湖北分别偏晚 8 天、3 天。云南发生高峰期全省平均病株率为 20%，滇东北及北部及滇中局部地区大发生，最高病株率为 100%。贵州春马铃薯产区黔南、黔东南以及安顺、贵阳、遵义和秋收马铃薯产区毕节、六盘水等地发生较重，一般病株率 25%，高的达 100%。重庆平均病株率 31.57%，开州、丰都、巫山、巫溪局部田块最高病株率 100%。四川病情总体轻于上年，盆地病株率 2.6% ~ 34.7%，平均 10.2%，低于 2023 年及近 5 年同期平均值，凉山发生偏晚，病情轻于常年。湖北中山及以上产区偏重发生，6 月上中旬发生盛期平均病株率 15.6%，恩施咸丰等地局部最高达 100%。

(3) 北方产区病情偏轻。 6 月以来，山西晋中、陕西榆林、甘肃陇南、青海海东、黑龙江牡丹江、吉林通化等地陆续查见中心病株，甘肃、宁夏、河北等地比 2023 年发生偏晚，陕西、黑龙江、吉林偏早，受北方大部夏季干旱影响，病害发生总体偏轻，发生程度和发生面积为近年来最轻。河北平均病田率 8%，平均病株率 3%，最高病株率 9%。宁夏海原病株率 28%，病情指数 3.4，其他地区零星发生或未见病。吉林病株率 0.02%，陕西北部平均病株率 5.1%。

2. 马铃薯早疫病

早疫病总体中等发生，全国发生面积 58.86 万公顷，同比减少 14.3%。其中，河北承德围场等地平均病株率 8%，最高 11%，平均病叶率 5%，最高 14%。陕西榆林病田率 91.7%，平均病株率 16.8%，重发田病株率 69.5%。宁夏 7 月上旬平均病株率为 6.28%，8 月下旬达到 100%，病情指数为 8.1 ~ 55.0。贵州主要发生在西部、北部等地，一般病株率 15%，高的 100%。

3. 马铃薯病毒病

病毒病总体偏轻发生，全国发生面积 17.45 万公顷，同比减少 15%。各地推广脱毒薯种植、减少超代脱毒薯种植、健身栽培、传毒蚜虫防控等技术，病毒病在大部地区发生趋轻，但局部地区病株率相对较高。贵州大部分地区均有发生，一般病株率 10%，高的达 60% 以上。宁夏 7 月下旬系统田病株率为 3.5%，病情指数为 0.5 ~ 1.25；8 月下旬系统田病株率为 38.5%，病情指数 11.5。

4. 二十八星瓢虫

二十八星瓢虫总体偏轻发生，全国发生面积 15.56 万公顷，同比减少 14.9%。陕西主要在榆林等地发生，8 月上旬平均虫田率 21.4%，平均被害株率 13.6%，平均百株虫量 28.9 头，单株最高虫量 7 头。

5. 其他病虫害

环腐病、黑胫病、疮痂病、炭疽病以及蚜虫、豆芫菁等病虫害总体偏轻发生。其中，蚜虫偏轻发生，全国发生面积41.23万公顷，同比减少1.5%。宁夏6月下旬虫田率100%，有蚜株率39%，百株蚜量99头；7月下旬虫田率100%，有蚜株率16%，百株蚜量18.5头。贵州主要发生在西部，一般百株蚜量200头，高的5 000头以上。环腐病、黑胫病、疮痂病、炭疽病等病害零星发生，但在北方产区呈逐年加重趋势。

（五）油菜主要病虫害

2023年全国油菜主要病虫害总体中等发生，接近常年。全国发生面积782.12万公顷次，比2022年增加11.2%，比2018—2022年发生面积均值增加7.80%，其中虫害发生面积339.24万公顷次，以油菜蚜虫、油菜甲虫以及地下害虫为主；病害发生面积442.88万公顷次，以油菜菌核病、病毒病、霜霉病、根肿病为主。

油菜菌核病

2023年全国油菜菌核病总体中等发生，全国发生面积271.99万公顷次，比2022年增加2.0%，比2018—2022年发生面积均值减少0.38%。

（1）发生区域集中于长江中下游地区。 湖南、湖北、安徽、江西、江苏、浙江等长江中下游地区菌核病发生面积为207.82万公顷次，占全国发生面积的76.40%，其中湖南、湖北发生面积分别达78.59万、64.33万公顷次，分别占全国发生面积的28.89%、23.65%。

（2）长江流域主发区菌源量偏高，病情重于上年同期。 子囊盘萌发盛期，大部分地区田间子囊盘平均密度每平方米超过2个，与上年同期相比，四川、湖南、安徽子囊盘平均密度偏高30%～50%，云南、湖北偏高1%～3%。平均叶病株率，浙江为15%，四川、重庆、湖南、湖北为6.9%～8.3%，云南、贵州、江苏、江西、安徽、河南、陕西为1%～4%；其中，贵州、重庆、江西、江苏、河南、陕西高于上年同期，重庆、浙江、江苏、河南、陕西高于常年均值，其他省份低于上年和常年。平均茎病株率，贵州为15%，云南、四川、浙江为2%～4.2%，江苏、湖北、安徽、江西、湖南、河南、陕西在1.2%以下。

（3）防控增产效果显著。 经有效防治，2023年全国油菜菌核病挽回损失62.9万吨，比2018—2022年挽回损失均值增加14.6%，其中四川、湖南、湖北、江西、安徽挽回损失分别为 1.2 万吨、14.6 万吨、15.5 万吨、5.6 万吨、5.4 万吨。2023 年全国油菜菌核病实际损失 12.80 万吨，比 2018—2022 年实际损失均值减少 5.38%。

（六）大豆主要病虫害

2023 年全国大豆病虫害总体偏轻发生，发生面积 809.40 万公顷次，较 2022 年增加 11.73%。其中，虫害发生面积 621.87 万公顷次，以大豆食心虫、大豆蚜、双斑萤叶甲、豆荚螟、甜菜夜蛾和棉铃虫为主；病害发生面积 187.53 万公顷次，以霜霉病、锈病为主。

1. 大豆根腐病

大豆根腐病总体偏轻发生，局部偏重。发生面积 70 万公顷，比上年减少 17.8%。东北春大豆区发生面积占全国发生面积的 92%，平均病株率为 5.9%，黑龙江的西部、东部及东南部地区低洼、连作及密植地块发病较重，其中木兰、巴彦、同江、虎林、塔河、桦川、绥滨、嘉荫、抚远、肇源、北安、孙吴、富裕、林口平均病株率为 10%~19.2%。

2. 大豆食心虫

大豆食心虫总体偏轻发生，发生面积 145.25 万公顷次，接近上年。发生区域集中在东北春大豆区，占全国发生面积的 77.91%，其中黑龙江发生面积 102.41 万公顷，占东北春大豆区发生面积的 90.50%。长江流域春夏大豆区发生面积 11.82 万公顷，占全国发生面积的 8.14%，其中安徽、江苏发生面积分别为 3.55 万公顷和 3.76 万公顷，分别占长江流域春夏大豆发生区发生面积的 30.0% 和 31.84%。

3. 大豆蚜

大豆蚜总体偏轻发生，发生面积 80.04 万公顷次，同比增加 11.06%。东北春大豆区、黄淮夏大豆区和长江流域春夏大豆区发生面积占比分别为 42.28%、16.72% 和 15.82%，其中黑龙江发生面积 27.23 万公顷次，占东北春大豆区发生面积的 80.48%。

此外，长江流域春夏大豆区和云贵高原春夏大豆区的大豆锈病，东北春大豆区和黄淮夏大豆区的大豆霜霉病，黄淮夏大豆区的棉铃虫、甜菜夜蛾，黄淮夏大豆区、长江流域春夏大豆区和云贵高原春夏大豆区的豆荚螟，东北春大豆区的双斑萤叶甲发生较为突出。

（七）蝗虫

2023 全国蝗虫总体中等偏轻发生，局部地区中等偏重发生，个别地区存在高密度点状分布。全国飞蝗发生面积 76.30 万公顷次，比上年减少 0.8 万公顷次，北方农牧交错区土蝗发生面积 100.83 公顷次，比上年减少 5.07 万公顷次。

1. 东亚飞蝗

发生面积 73.04 万公顷次，同比增加 0.02 万公顷次，主要分布在河北、河南、山东、天津等黄河滩区以及环渤海湾沿海、华北内涝湖库部分蝗区，发生面积和发生程度呈下降趋势。

2. 西藏飞蝗

发生面积 3.07 万公顷次，同比下降 0.78 万公顷次，主要分布在西藏大部和四川甘孜以及青海玉树等。

3. 亚洲飞蝗

发生面积 0.19 万公顷次，同比下降 0.03 万公顷次，主要发生在新疆阿勒泰地区等。

4. 土蝗

土蝗发生面积 100.83 万公顷次，比 2022 年减少 5.07 万公顷次，主要分布在新疆塔城地区以及内蒙古呼和浩特、吉林松原等北方农牧交错区，以毛足棒角蝗、意大利蝗、西伯利亚蝗等为优势种群。

（八）农田杂草

2023 年全国农田杂草发生面积 10 098 万公顷次，比 2022 年增加 285 万公顷次。

1. 稻田杂草

杂草群落的演替变化和多样性加剧，原先次要杂草逐渐上升为优势种群，如丁香蓼、耳叶水苋等在长江流域大面积暴发。多年生杂草发生面积逐年增多，如东北稻区的野慈姑、萤蔺、扁秆藨草，长江流域稻区的双穗雀稗、千金子、稻李氏禾、水竹叶等多年生杂草逐渐成为优势杂草。

2. 麦田杂草

旱旱轮作麦田禾本科杂草发展扩散蔓延速度加快，杂草群落逐渐由阔叶杂草为主演替为单双子叶杂草混合发生群落，难防杂草节节麦、播娘蒿、多花黑麦草、雀麦、婆婆纳等逐年加重。水旱轮作麦田适应轻简栽培的杂草如茵草、硬草、早熟禾、野老鹳草等发生逐年加重。

3. 玉米田杂草

杂草群落结构发生显著变化，东北地区鸭跖草、苘麻、野黍、狗尾草等，黄淮海地区马齿苋、反枝苋、铁苋菜、双穗雀稗、马唐等已成为玉米田恶性杂草。缠绕茎秆类杂草猛增，如东北地区萝藦、葎草，黄淮海地区田旋花、打碗花等，严重制约玉米田全程机械化进程。

（九）农田、农舍鼠害

2023年，全国农田鼠害发生面积2 025万公顷，总体呈中等发生（3级），比2021年下降6%。其中农林、农牧交错地带，湖区、库区和沿江（河）流域，山区（半山区）以及种植业结构调整后种植中药材等经济作物的地区、稻田综合种养区、南繁育种基地等农区呈重发态势。全国农舍鼠害发生户数稳中有降，全年发生0.83亿户，比2022年减少5%，东北和西北局部地区农舍鼠密度偏高，影响当地农户正常生产和生活。

1. 北方农区鼠密度稳中有降，局部波动较大

（1）东北地区。 辽宁农田平均为4.0%，最高达7.0%；农舍平均为5.0%，高达9.0%；重发区域（密度＞8%，下同）为朝阳、大连以及沈北新区经济作物及部分稻田养虾、养蟹地块，面积为470公顷。吉林农田平均为4.8%，最高达9%，公主岭设置的5个TBS（围栏灭鼠技术）示范区捕鼠217只，捕获率同比下降16.8%；农舍平均为4.1%，最高达6%；重发区域为吉林、白山、延边等东部山区半山区山坡地、林缘、梯田地块，以及松原、白城等西部农牧交错区，面积为1万公顷。黑龙江农田平均为5.7%，最高达14.7%；农舍平均为7.3%，最高达28.5%，重发区域为佳木斯、鸡西等市局部地区。

（2）华北地区。 北京农田平均为0.2%，最高达4%，设置的5个TBS示范区捕鼠90只，捕获率同比下降72%。天津农田平均为1.5%，最高达7%；农舍平均为1.1%，最高达10%。河北农田平均为1.8%，最高达7.5%；农舍平均为2.1%，最高达4.0%；重发区域为承德、张家口等市局部地区，面积为1.1万公顷。山西农田平均

0.6%，最高达3.1%；农舍平均为0.5%，最高达2.8%；重发区域为大同浑源、晋城沁水山区、丘陵地带局部地区，面积为133公顷。内蒙古农田平均为1.5%，最高达3%；农舍平均为0.9%，最高达5.0%；重发区域为呼和浩特、包头、巴彦淖尔、鄂尔多斯、乌兰察布、锡林郭勒盟等局部地区。

（3）西北地区。 陕西农田平均为1.2%，最高达3.3%；农舍平均为1.2%，最高达5%，重发区域为鼢鼠分布区域，粮仓、种子库房等地域，发生面积为10.6万公顷。甘肃农田平均为2.1%，最高达9.6%；农舍平均为1.2%，最高达5.2%，重发区域为平凉局部地区，面积约0.5万公顷。青海农田平均为4.2%，农田最高达6.9%；农舍平均为5.5%，最高达7.7%；重发区域为海北、海东、海西等地局部地区，面积5.1万公顷。宁夏农田平均农田鼠密度为1.8%，最高达3.5%；农舍平均为1.9%，最高达3.8%。新疆农田平均为4.1%，最高达15.3%，设置的1个TBS示范区捕鼠278只，捕获率同比下降5.4%；农舍平均为4.9%，最高达25.5%；重发区域和田地区、博州地区、阿勒泰地区、阿克苏地区、喀什地区和哈密市等地及粮食主产区局部，面积为2万公顷。

2. 南方农区鼠密度相对稳定，局部地区较高

（1）华东地区。 上海农田平均为1.2%，最高达3%。江苏农田平均为4.1%，最高达13.7%；农舍平均为6.6%，最高达11.3%；重发区域为淮北旱作区，江淮及淮北农户粮仓，面积为0.4万公顷。安徽农田平均为1.4%，最高达5.5%；农舍平均为1.7%，最高达7.5%。浙江农田平均为2%；农舍平均为3%。福建农田平均为3.1%，最高达16%；农舍平均为2.8%，最高达13.8%；重发区域为莆田、南平、宁德等市，约0.3万公顷。江西农田平均为2.1%，最高达6.6%；农舍平均为1.6%，最高达3.2%。山东农田平均为1.6%，最高达7%；农舍平均为0.9%，最高达2%。

（2）华中地区。 湖北农田平均为0.5%，最高达2.7%。河南农田平均为2.7%，最高达5%；农舍平均为3%，最高达6%。湖南农田平均为4.4%，最高达8.1%；农舍平均为3.5%，最高达13%；重发区域为湘南、湘西以及洞庭湖区等地，面积约13.3万公顷。

（3）华南地区。 广东农田平均为2.9%，首次设置TBS围栏，总长度约5千米，捕鼠424只。广西农田平均为6.4%，最高达13.7%；农舍平均为6.7%，最高达15.3%，重发区域为崇左江州、大新、宁明，来宾兴宾等地局部区域，面积约4.3万公顷。海南农田平均为 7.6%，最高达 13%；农舍平均为 5.7%，最高达 11%，重发区域为临高、海口、三亚、万宁等局部地区，面积为 1.5 万公顷。

（4）西南地区。 四川农田平均为 1.8%，最高达 5%；农舍平均为 1.5%，最高达 2%。重庆农田平均为 1.1%，最高达 2%；农舍平均为 1.0%，最高达 2%；重发区域为江沿区域农田。贵州农田平均为 1.8%，最高达 6.9%，设置 20 个围栏共捕鼠 929 只，捕获率同比下降 31%；农舍平均为 1.2%，最高达 6.5%；重发区域为遵义、黔南、黔西南、六盘水等市（州）局部地区。云南农田平均为 2.6%，最高达 14.5%；农舍平均为 3.3%，最高达 14.7%，面积为 1.3 万公顷。西藏农田平均为 4.5%，最高达 6.9%；农舍平均为 6.8%，最高达 10.4%。

另据 2023 年鼠情监测调查，属一类农作物病虫害的褐家鼠总体处于种群恢复期，田间鼠密度较高，发生危害较重。全国农区褐家鼠总发生面积 450.9 万公顷，重发面积 13.5 万公顷，农舍褐家鼠发生 2 800.0 万户。全国 403 台鼠情物联网智能监测终端，其中 389 台监测到褐家鼠，全年总计 1 124 只（农田 1 120 只，农舍 4 只），占总监测鼠类数量的 17.7%。不同月份监测到的褐家鼠数量波动较大，1 月、5 月、9 月是种群活动高峰期，监测到的数量最多。

二、监测预警技术研发进展

（一）智能虫情测报灯诱集效果和识别准确率验证

为促进智能化监测预警技术在害虫测报中的推广应用，引导监测设备市场健康有序发展，2023 年分别在河北廊坊和新疆库尔勒开展了农作物重大害虫智能化灯诱应用效果研究，以期建立智能化监测设备性能验证与评价的长效机制，推动智能化监测设备更新迭代、监测预警技术跨越式提升。

1. 河北廊坊智能灯识别与计数试验

（1）验证方法

①验证工具。智能虫情测报灯由浙江托普云农科技股份有限公司提供，灯管波长有 3 个，分别为 365 纳米、430 纳米、545 纳米的主峰（图 2-1），光控开关灯。根据诱集昆虫数量自动调整拍照时间，即当前后两张照片连续出现虫体堆积面积占照片总面积比

例大于20％时，下次拍照自动缩减拍照间隔时间。拍摄图片上传至云平台。

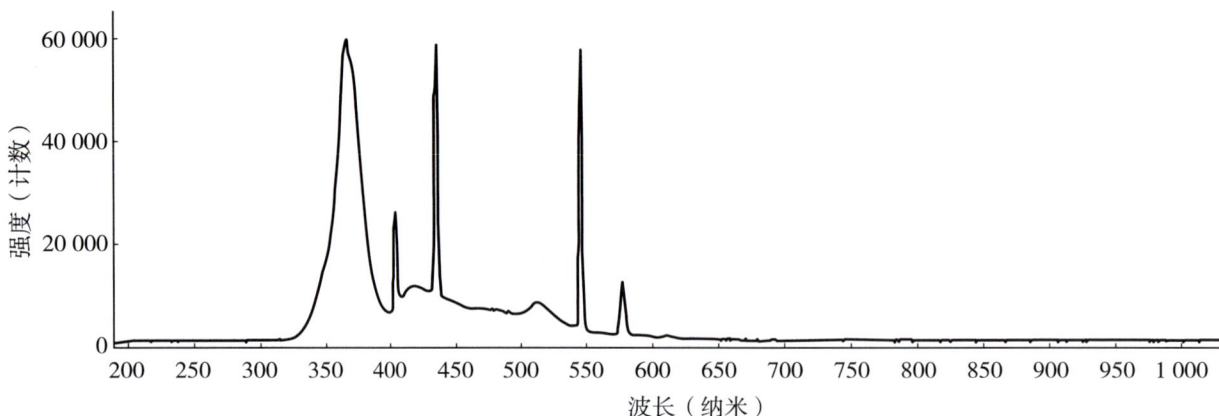

图2-1　智能虫情测报灯波长

②验证时间。6月12日至10月7日，共118天。

③验证对象。普通黏虫、劳氏黏虫、草地贪夜蛾、草地螟、玉米螟、棉铃虫、二点委夜蛾、小菜蛾、斜纹夜蛾。

④验证过程。利用服务器中的害虫识别模型识别上传图片中的目标害虫，并计数。试验人员每天9：00前后收集灯诱昆虫虫体，对其中的目标害虫进行识别和计数，标注虫体完整情况，并对收集的各种目标害虫虫体进行拍照。同时对拍摄图片中的目标害虫进行识别与计数，记录结果。将灯具采集图片的目标害虫人工识别计数虫量（A）、灯具诱集目标害虫虫体人工鉴定数量（B）、灯具自动识别目标害虫数量（C），采用以下公式分别计算灯具图片采集率（X）、灯具图片识别准确率（Y），ABS为绝对值（取正）。

$$X（\%）=A/B×100$$
$$Y（\%）=\{1-[ABS（C-A）/A]\}×100$$

（2）验证结果

①诱虫情况。验证的9种目标害虫中，未诱到劳氏黏虫，二点委夜蛾、棉铃虫、小菜蛾、普通黏虫、玉米螟、斜纹夜蛾、草地螟和草地贪夜蛾8种害虫出现数量不等的峰值，各种类诱虫数量有明显差异（图2-2至图2-9）。灯下峰日虫量，棉铃虫为210头，小菜蛾、玉米螟、草地贪夜蛾分别为80头、55头、54头，二点委夜蛾和斜纹夜蛾分别为29头和16头，草地螟和普通黏虫分别为6头和3头。累计诱虫量，棉铃虫和小

菜蛾分别为 3 199 头和 1 150 头，玉米螟和二点委夜蛾分别为 827 头和 798 头，草地贪夜蛾和斜纹夜蛾分别为 370 头和 290 头，普通黏虫和草地螟分别为 58 头和 19 头（表2-1）。

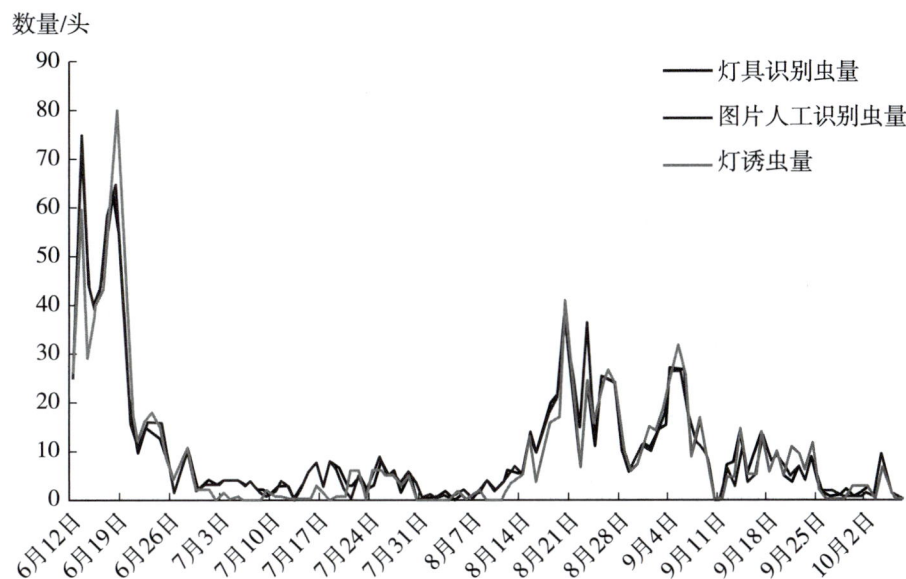

图 2-2 二点委夜蛾逐日诱虫量

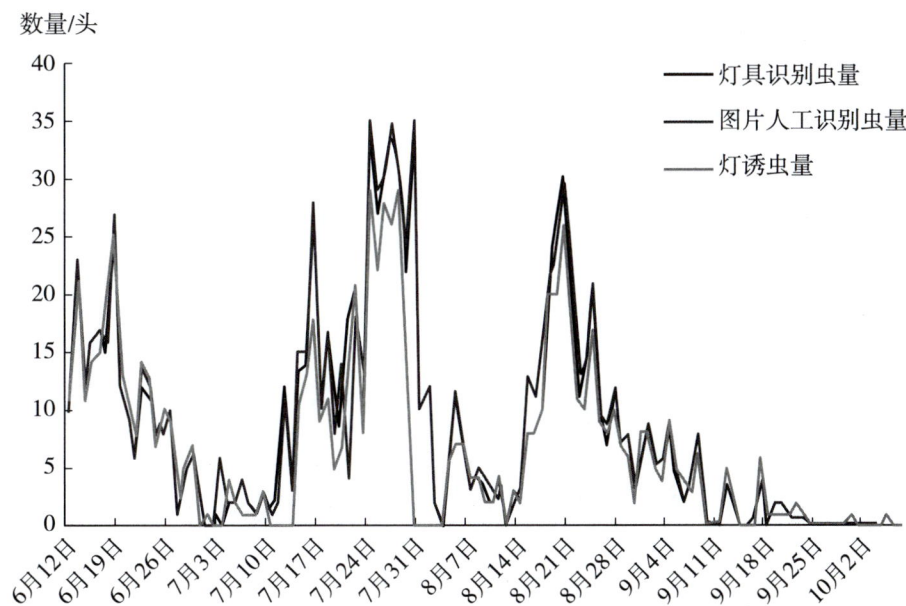

图 2-3 小菜蛾逐日诱虫量

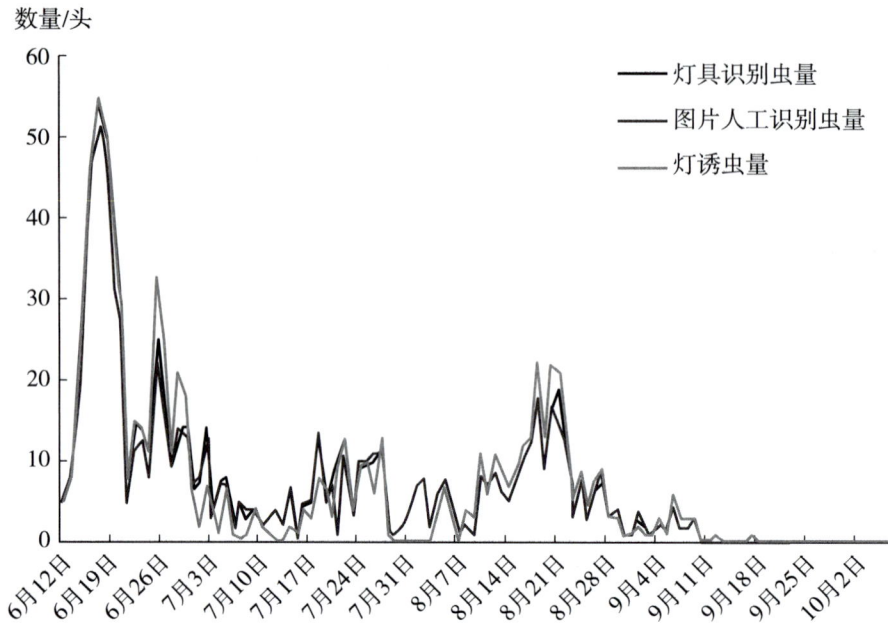

图 2-4　棉铃虫逐日诱虫量

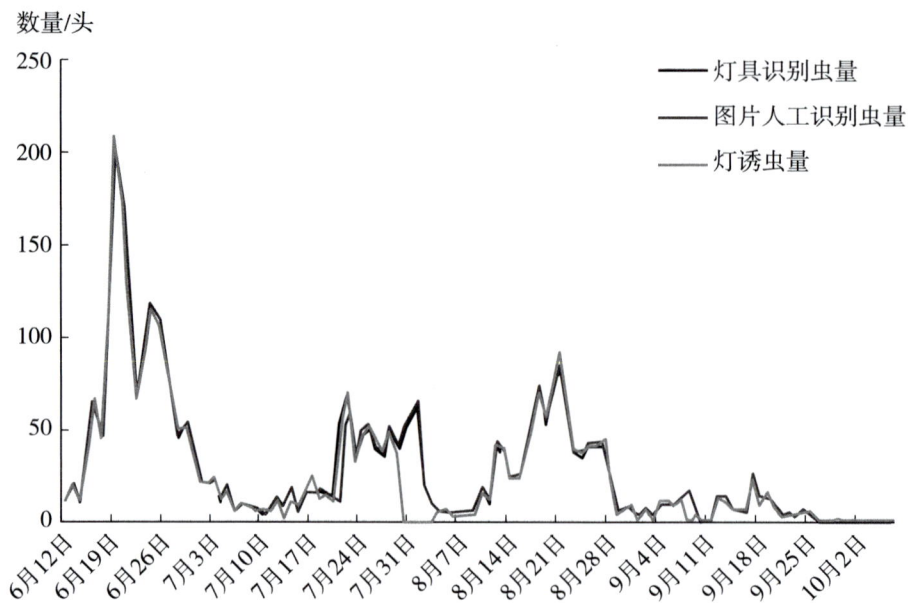

图 2-5　玉米螟逐日诱虫量

数量/头

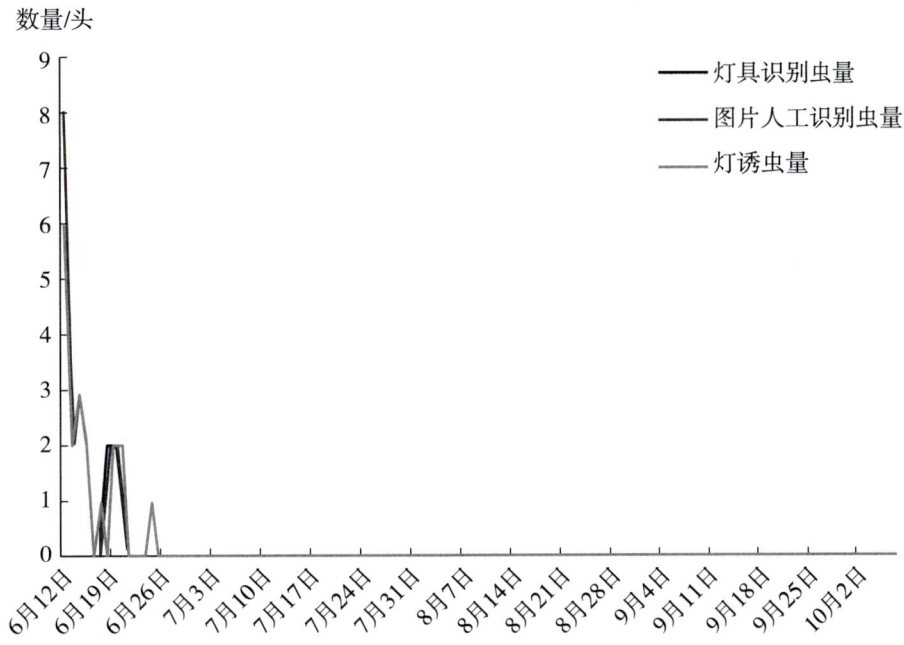

图 2-6　普通黏虫逐日诱虫量

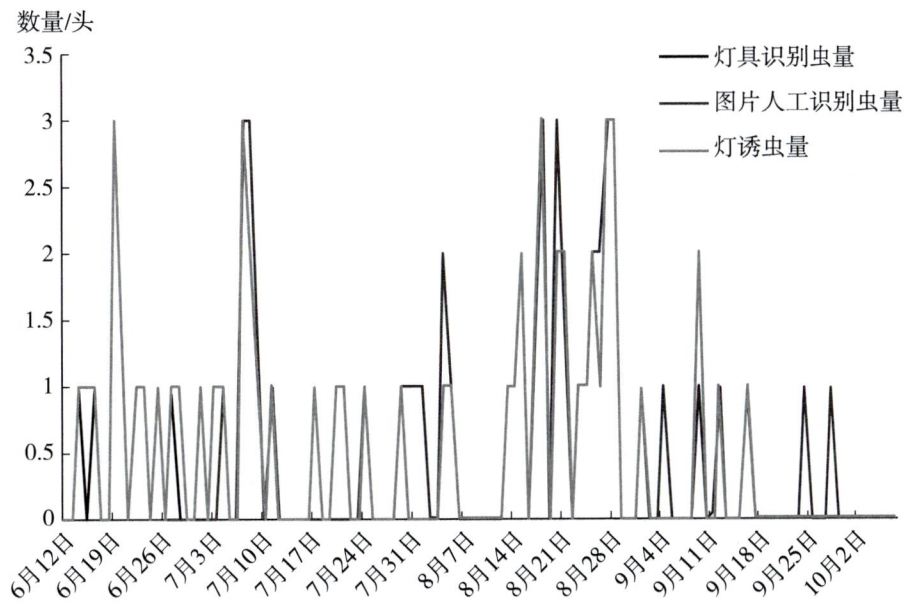

数量/头

图 2-7　草地螟逐日诱虫量

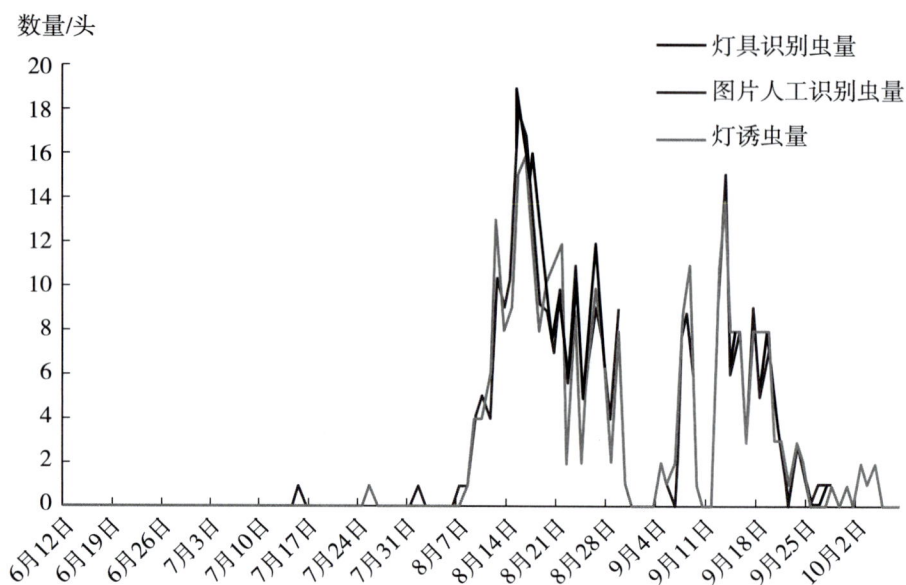

图 2-8　斜纹夜蛾逐日诱虫量

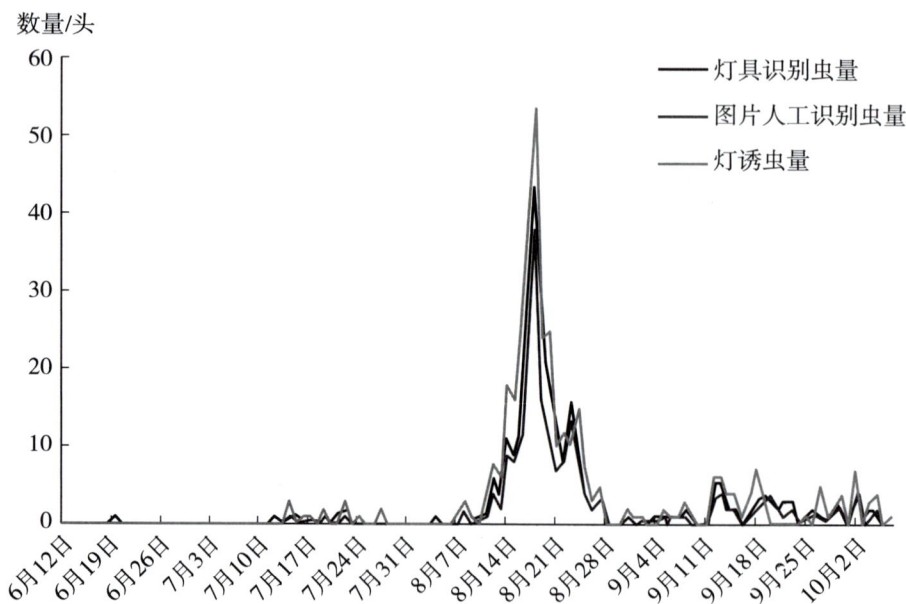

图 2-9　草地贪夜蛾逐日诱虫量

除目标害虫外，灯下还诱到盲蝽科（绿盲蝽、中黑盲蝽、苜蓿盲蝽、三点盲蝽等）、飞虱科（白背飞虱、灰飞虱等）、螟蛾科（稻纵卷叶螟、棉大卷叶螟、四斑绢野螟、桃蛀螟等)、夜蛾科(小地老虎、黄地老虎、八字地老虎、甜菜夜蛾、朽木夜蛾、甘蓝夜蛾、宽胫夜蛾等)、刺蛾科(绿刺蛾、黄刺蛾、扁刺蛾等)、舟蛾科(苹掌舟蛾、榆白边舟蛾等)、灯蛾科(红腹白灯蛾、稀点雪灯蛾等)共计40余种昆虫。

②图片采集情况。灯具诱集和采集了8种害虫及其图片(表2-1),灯下见虫天数,棉铃虫为104天,玉米螟、二点委夜蛾、小菜蛾分别为82、87、88天,普通黏虫、斜纹夜蛾、草地贪夜蛾分别为41、48、52天,草地螟为8天。采集目标害虫图片天数,棉铃虫为110天,玉米螟、二点委夜蛾、小菜蛾分别为90、96、107天,普通黏虫、斜纹夜蛾、草地贪夜蛾分别为40、50、58天,草地螟为8天。采集目标害虫图片天数占诱虫总天数比率,小菜蛾为121.6%,二点委夜蛾和草地贪夜蛾分别为110.3%、111.5%,草地螟、斜纹夜蛾、棉铃虫和玉米螟分别为100%、104.2%、105.8%、109.8%,普通黏虫为97.6%。采集图片目标害虫人工计数虫量占总诱虫量的比率,二点委夜蛾为120%以上,普通黏虫、斜纹夜蛾、小菜蛾、棉铃虫和草地螟分别为101.7%、101.4%、107.3%、107.7%、110.5%,草地贪夜蛾和玉米螟分别为60.3%和95.3%。

表2-1 智能测报灯诱虫和图片采集情况

目标害虫种类	灯具诱虫天数/天	采集目标害虫图片天数/天	采集目标害虫图片天数占诱虫总天数比率/%	灯诱虫量/头	采集图片目标害虫人工计数虫量/头	灯具图片采集率/%
棉铃虫	104	111	105.8	3 199	3 446	107.7
小菜蛾	88	107	121.6	1 150	1 234	107.3
二点委夜蛾	87	97	110.3	798	994	124.6
普通黏虫	41	40	97.6	58	59	101.7
玉米螟	82	90	109.8	827	788	95.3
斜纹夜蛾	48	51	104.2	290	294	101.4
草地螟	8	8	100.0	19	21	110.5
草地贪夜蛾	52	48	111.5	370	223	60.3
合计/平均	510	552	107.6	6 711	7 059	101.1

③害虫识别情况。灯具采集了8种害虫图片,从灯具识别害虫天数看,识别天数与采集目标害虫图片天数比较(表2-1和表2-2),小菜蛾、普通黏虫、玉米螟和草地螟一致,草地贪夜蛾多10天,棉铃虫、二点委夜蛾和斜纹夜蛾少1天。从识别虫量看,

灯具图片识别效果最好的是普通黏虫和草地螟，识别率为100％，其次是小菜蛾、棉铃虫和二点委夜蛾，识别率在98％以上，玉米螟和斜纹夜蛾识别率在96％以上，草地贪夜蛾识别率在70％以上。

表2-2 智能测报灯害虫识别情况

目标害虫种类	灯具识别害虫天数/天	灯具自动识别害虫数量/头	采集图片目标害虫人工计数虫量/头	灯具图片识别准确率/％
棉铃虫	110	3 409	3 446	98.9
小菜蛾	107	1 232	1 234	99.8
二点委夜蛾	96	975	994	98.1
普通黏虫	40	59	59	100.0
玉米螟	90	818	788	96.3
斜纹夜蛾	50	304	294	96.7
草地螟	8	21	21	100.0
草地贪夜蛾	58	307	223	72.6
合计/平均	559	7 125	7 059	95.3

(3) 诱虫效果和识别质量评价

①诱虫效果。智能虫情测报灯对棉铃虫、小菜蛾、二点委夜蛾和玉米螟4种害虫具有较好的诱集效果，普通黏虫、斜纹夜蛾和草地贪夜蛾则诱集效果一般，劳氏黏虫和草地螟诱虫效果有待继续观测（草地螟仅有8天见虫，共诱到19头虫，劳氏黏虫未诱到）。

②图片采集效果。2023年灯具经过升级换代后，图片采集效果较去年有明显进步，二点委夜蛾的灯具图片采集率超过了120％，普通黏虫、斜纹夜蛾、小菜蛾、棉铃虫和草地螟的灯具图片采集率为101％~110％，玉米螟和草地贪夜蛾的灯具图片采集率分别为95.3％和60.3％。个别出现图片多拍现象，如7月2日诱到7头玉米螟，图片人工识别有13头。

③图片识别效果。灯具可识别的8种目标害虫中，普通黏虫、草地螟2种害虫识别效果最好，二者图片识别率均为100％；其次是小菜蛾、二点委夜蛾和棉铃虫，三者识别率超过98％；玉米螟和斜纹夜蛾识别率分别为96.3％和96.7％；草地贪夜蛾识别率稍差，为72.6％。尽管小菜蛾、二点委夜蛾和棉铃虫3种害虫识别效果在98％以上，

但也发现存在识别负误差（即识别或拍照图片虫量大于实际诱虫量），如 6 月 14 日灯下诱到小菜蛾 29 头，但灯具识别出有 47 头，图片人工识别有 46 头；7 月 29 日灯下诱到二点委夜蛾 14 头，但灯具识别出有 22 头、图片人工识别有 24 头，7 月 14 日灯诱棉铃虫 11 头，灯具识别为 19 头，图片人工识别为 19 头，原因有待分析。

2. 新疆库尔勒智能虫情测报灯现场集中测试

2023 年 7 月 12 日全国农业技术推广服务中心在新疆库尔勒开展智能虫情测报灯图像自动识别和计数性能现场比试。测试对象为 9 种一类害虫［草地贪夜蛾、玉米螟、褐飞虱（属）、白背飞虱、草地螟、东方黏虫、劳氏黏虫、二化螟、稻纵卷叶螟］和 14 种二类害虫（甜菜夜蛾、二点委夜蛾、棉铃虫、小菜蛾、斜纹夜蛾、桃蛀螟、大螟、梨小食心虫、小地老虎、八字地老虎、铜绿丽金龟、大黑鳃金龟、牧草盲蝽、黄地老虎），以及 2 种非靶标昆虫（草蛉、银锭夜蛾）。测试方式为预设混合种类及数量，经设备逐一拍照、自动识别与计数，比对与预设答案的符合度，计算准确率和识别时长。

按照自愿参试原则，来自北京依科曼生物技术股份有限公司（YKM）、河南禾益丰农业科技有限公司（HYF）、鹤壁佳多科工贸股份有限公司（HBJD）、鹤壁嘉多卫农农林科技有限责任公司（JDWN）、广州瑞丰生物科技有限公司（RF）、浙江托普云农科技股份有限公司（TPYN）（图 2-10）的 6 种智能虫情测报灯参与了现场比试，测试结果以农技植保函〔2023〕247 号文件公开发布。

表 2-3　智能虫情测报灯害虫识别与计数结果

测试产品	昆虫类型	准确率/%				综合准确率/%
		A 小样	B 小样	C 小样	平均数	
TPYN	一类害虫	90	100	100	96.7	97.5
	二类害虫	94.7	100	100	98.2	
	非靶标	100	100	—	100	
YKM	一类害虫	50	84.2	33.3	55.8	51.9
	二类害虫	47.4	70	66.7	61.3	
	非靶标	0	0	—	0	
HYF	一类害虫	30	60	50	46.7	41.1
	二类害虫	52.6	43.3	35.5	43.8	
	非靶标	0	0	—	0	

（续）

测试产品	昆虫类型	准确率/%				综合准确率/%
		A 小样	B 小样	C 小样	平均数	
HBJD	一类害虫	30	50	41.7	40.6	34.9
	二类害虫	52.6	33.3	19.4	35.1	
	非靶标	0	0	—	0	
JDWN	一类害虫	20	40	30	30	27.2
	二类害虫	41.2	36.7	14.3	30.7	
	非靶标	0	0	—	0	
RF	一类害虫	10	25	41.7	25.6	26.2
	二类害虫	44.4	37	27.6	36.4	
	非靶标	0	0	—	0	

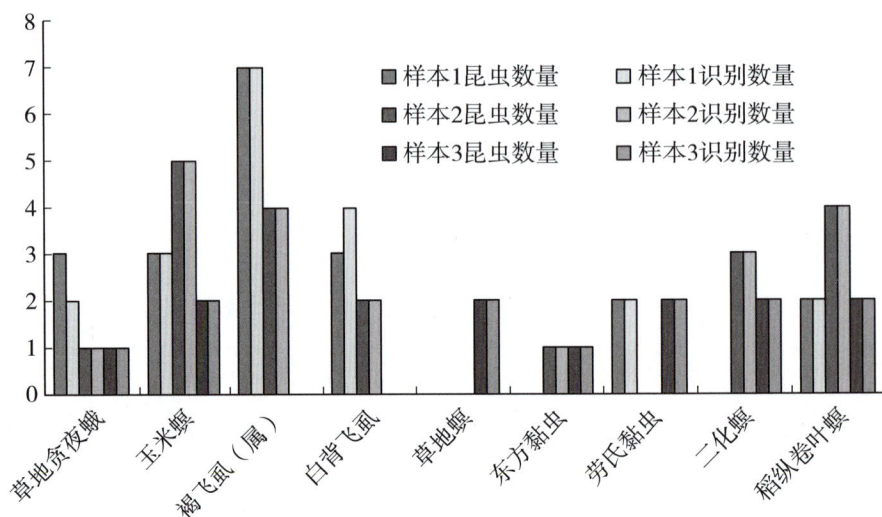

图 2-10　TPYN 智能虫情测灯识别结果

（1）一类害虫识别与计数结果。 如表 2-3 所示的 9 种一类害虫的图像自动识别和计数准确率，TPYN 为 96.7%，识别率显著高于其他设备，随后依次是 YKM、HYF、HBJD、JDWN、RF，识别率分别为 55.8%、46.7%、40.6%、30%、25.6%。

本次试验所使用的智能虫情测报灯对玉米螟、东方黏虫、二化螟和稻纵卷叶螟的识别效果普遍偏好，但多数设备对草地贪夜蛾、稻飞虱、草地螟、劳氏黏虫无法识别，表现为识别误差率－100％，即一头也无法识别。此外，个别设备存在将某些种类害虫错误识别为其他种类害虫的现象，表现为识别误差率达到或超过100％，故不计入此次计算的结果。

（2）二类害虫识别与计数结果。如表2－3所示的14种二类害虫的图像自动识别和计数准确率，TPYN为98.2％，识别率显著高于其他设备，随后依次是YKM、HYF、RF、HBJD、JDWN，识别率分别为61.3％、43.8％、36.4％、35.1％、30.7％。

从害虫种类来看，仅对二类害虫中棉铃虫、大螟、铜绿丽金龟等种类识别效果较好，多数智能设备无法识别甜菜夜蛾、梨小食心虫、牧草盲蝽、黄地老虎等害虫。

根据上述结果，对于一类、二类害虫和非靶标昆虫的综合识别准确率，TPYN为97.5％，YKM为51.9％，HYF为41.1％，HBJD、JDWN和RF为40％以下。

本次试验所使用的智能虫情测报灯对于体型较小的害虫，如稻飞虱、小菜蛾、梨小食心虫，以及草地贪夜蛾、草地螟、甜菜夜蛾等识别难度大的害虫，识别率较低，对玉米螟、棉铃虫等常见害虫识别准确率更高，并且存在对一些种类害虫误识别和无法识别的情况。

（3）有关建议

①智能化灯诱监测设备应用仍存在短板弱项。本次试验所使用的6款智能虫情测报灯，均能够一定程度上识别农作物一类、二类害虫，说明应用智能化灯诱设备监测重大农业害虫具有可行性，对于特定种类的害虫，例如玉米螟、东方黏虫、二化螟和稻纵卷叶螟等，具有较好的识别计数效果，达到了推广应用水平。但是，对体型较小的害虫，如稻飞虱、小菜蛾、梨小食心虫，以及草地贪夜蛾、草地螟、甜菜夜蛾等识别难度大的害虫，除了TPYN智能虫情测报灯识别准确率较高达到97.5％以外，其他型号智能虫情测报灯的识别计数准确率都偏低，并且所有虫情测报灯均出现了漏识别、误识别的问题。尽管如此，基于图像识别的自动计数相比于传统人工统计计数，大幅度提高了查虫数虫的时效性，降低了基层测报工作人员的工作量，缓解了我国基层植保工作人员不足的窘境，建议在生产实践中推广使用，下一步需在小虫体分类特征辨识、同期发生的近似种类辨识方面继续突破。

②优化智能化监测设备的测试和验证方法。一是完善试验方案，全面考察智能测报灯性能。在今后的设备试验中，可以进一步参照《农作物病虫害监测设备技术参数与性能要求》中规定的设备性能展开多项试验，并在实践中不断形成完善的试验方案。以智

能测报灯为例，标准中对害虫盛发期的图片采集率，识别一、二类害虫种类数和图片识别计数准确率均有明确的要求，可以在接下来的试验中进一步丰富测试的项目。二是分区域测试，突出生态区域害虫分布特点。根据二类农作物虫害分布具有区域趋同性的特点，今后的试验可以分区域开展，针对不同生态区进行不同种类的试验，增加智能识别和计数系统训练的针对性，提高识别效果。三是加大测试难度，全真模拟现实情况。本次智能虫情测报灯试验中，采用的是虫体完整、易于识别、无堆叠的害虫制作而成的标本，总体识别难度较低；而在实际应用和行业标准中，减少虫体堆叠或是在有虫体堆叠的情况下进行图片自动识别计数也是要求之一，所以在今后的试验中，可以逐步增加难度，比如准备翅面一定破损、被雨水浸泡、识别特征不那么完整和明显的样本，在虫体姿态上，既有背面朝上，也有腹部朝上，同时，增加一定堆叠情况下的昆虫样本数量，在尽可能模拟自然环境中灯下昆虫的真实状态下，测试机器自动识别和计数能力。此外，也可以同期进行智能虫情测报灯诱虫能力试验，比较不同产品之间诱虫能力的差异作为评价指标，同时，还可以区分诱集昆虫类型，对比诱集昆虫的益害比，评价其设备的生态友好性。

（二）小虫体智能测报系统稻飞虱监测技术试验

稻飞虱属于半翅目飞虱科，主要包括褐飞虱、白背飞虱和灰飞虱，是我国水稻生产中重要的迁飞性害虫之一。近几年，全国农业技术推广服务中心大力推广应用基于图像自动识别的智能虫情测报灯，在鳞翅目、鞘翅目等中大型害虫的自动识别上发展较为成熟，识别准确率较高，但对虫体较小、种类鉴别特征细微的半翅目害虫识别率较低，基层测报人员对稻飞虱等小虫体害虫的监测仍以虫情测报灯、高空灯以及人工盘拍为主。为提高智能化监测设备对以稻飞虱为代表的小虫体自动识别的准确率，实现对小虫体害虫的监测预警技术智能化、精准化、简便化，全国农业技术推广服务中心在江苏、四川、云南组织开展小虫体智能测报系统稻飞虱监测技术试验。

1. 试验设备

小虫体智能测报系统是由浙江托普云农科技股份有限公司研发的一款用于监测稻飞虱、叶蝉等小型昆虫的智能识别计数设备（图2-11）。该设备采用光、电、数控等技术，具备自动诱虫、分拣、拍照、识别、统计等功能，特别是该设备配备了风压装置，会在进虫通道内形成向下风压，迫使小型昆虫背部朝上，从而实现了小型昆虫活体诱捕、智能识别与计数。

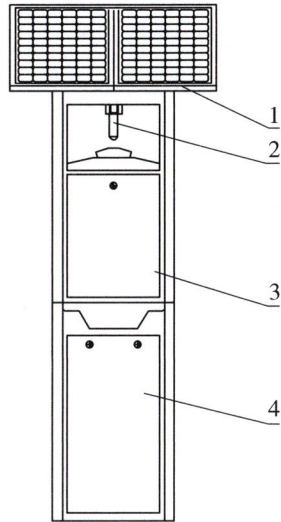

1.太阳能板　2.诱虫灯管　3.上机体　4.下机体

图 2-11　小虫体智能测报系统示意图

2. 试验开展情况

在江苏省宿迁市宿豫区、四川省达州市大竹县、云南省玉溪市元江县组织开展监测试验，以每天识别统计当天拍摄所有照片中目标害虫（褐飞虱属以及白背飞虱和灰飞虱）的数量作为对照，计算图片识别准确率和目标害虫数量相关系数。5月初至9月底，3个试验点均按照试验方案顺利完成试验，其中云南元江、四川大竹（图 2-12 至图 2-14）5月 18 日至 9 月 30 日开展试验，江苏宿豫 5 月 19 日至 9 月 30 日开展试验。

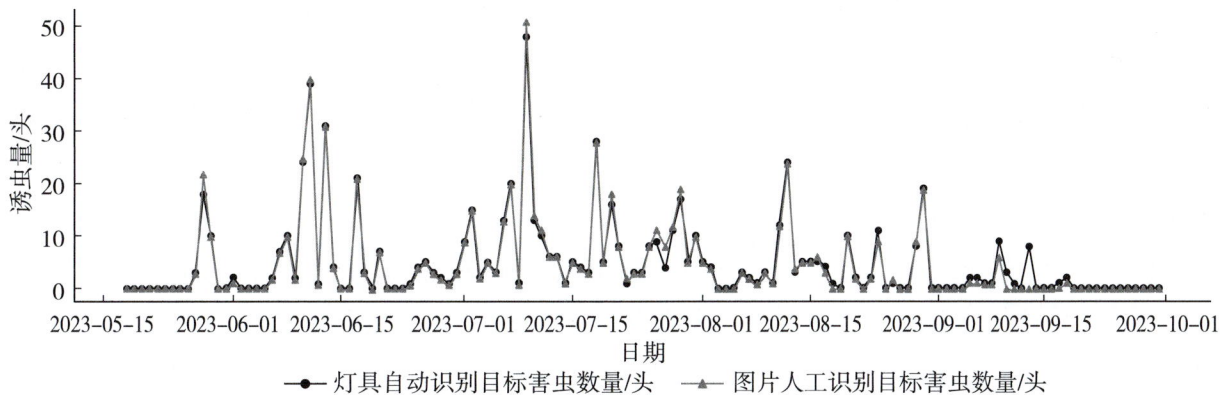

图 2-12　四川大竹白背飞虱逐日动态图

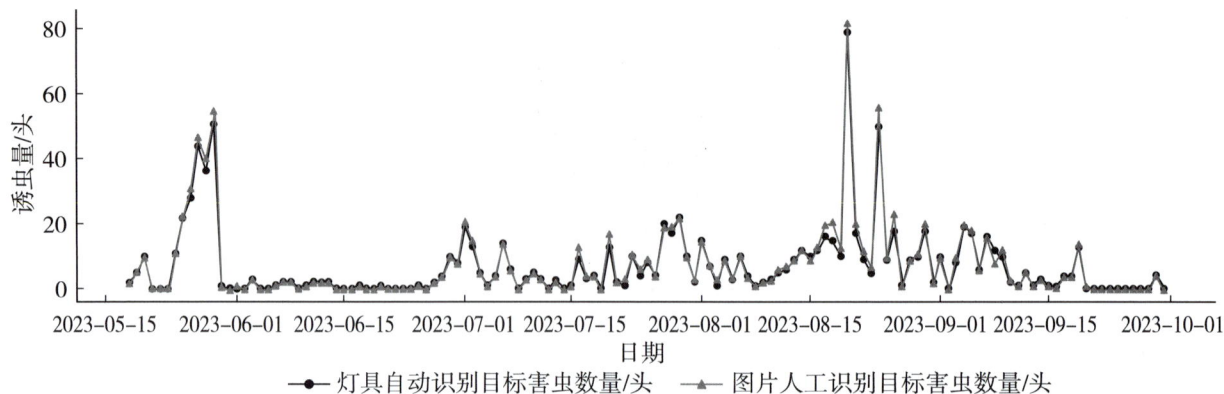

图 2-13　四川大竹褐飞虱属逐日动态图

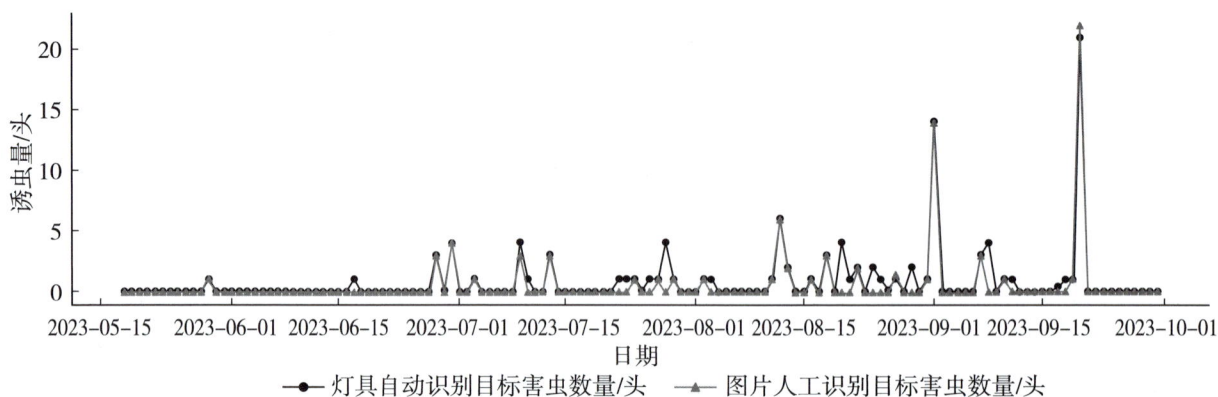

图 2-14　四川大竹灰飞虱逐日动态图

3. 试验完成情况

（1）**诱虫量。** 云南元江、四川大竹、江苏宿豫 3 点小虫体智能测报系统在整个监测期对 3 种目标害虫的累计诱虫量，自动识别分别为 2 150 头、1 731 头、963 头，人工识别分别为 2 169 头、1 793 头、995 头。其中，人工识别白背飞虱、褐飞虱属、灰飞虱数量占比在云南元江分别为 69.0%、30.6%、0.4%，在四川大竹分别为 36.8%、59.0%、4.2%，在江苏宿豫分别为 6.4%、33.9%、59.7%。

（2）**识别准确率。** 云南元江、四川大竹、江苏宿豫稻飞虱平均识别准率分别为 96.2%、92.8%、95.4%。其中，白背飞虱、褐飞虱属、灰飞虱识别准确率在云南元江分别为 96.7%、95.3%、96.4%，在四川大竹分别为 90.1%、89.8%、98.4%，在江苏宿豫分别为 95.2%、93.8%、97.1%。

(3) 算法识别模型拟合程度。云南元江、四川大竹、江苏宿豫白背飞虱、褐飞虱属、灰飞虱灯下自动识别数量和图像人工识别数量拟合程度均在 0.95 以上。其中，白背飞虱、褐飞虱属、灰飞虱算法识别模型拟合程度在云南元江分别为 0.999 3、0.998 2、0.992 7，在四川大竹分别为 0.991 7、0.995 6、0.958 1（图 2 - 15），在江苏宿豫分别为 0.995 3、0.991 0、0.999 6。

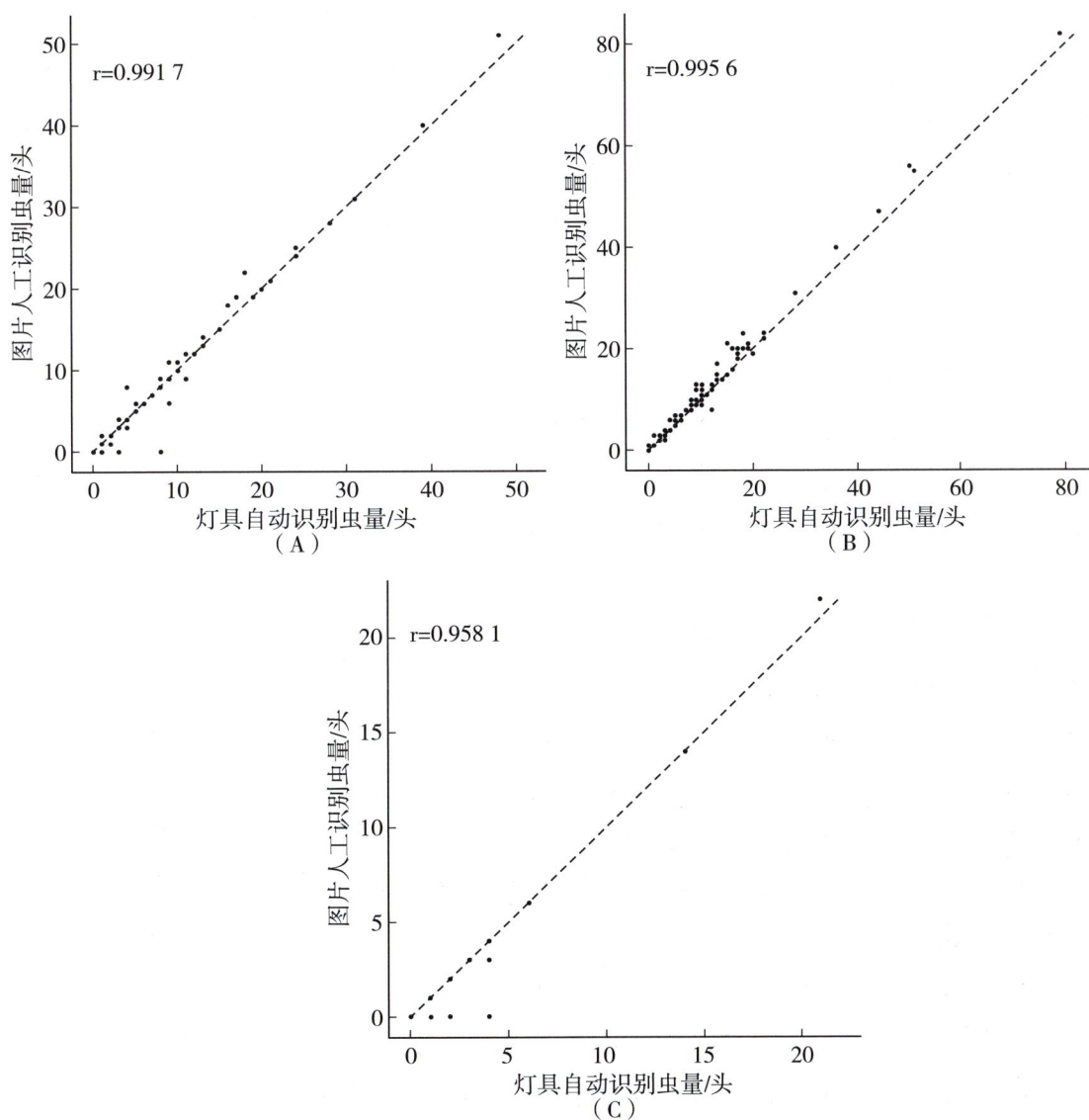

（A）.白背飞虱　（B）.褐飞虱属　（C）.灰飞虱

图 2 - 15　四川大竹稻飞虱算法识别模型拟合程度

4. 讨论

（1）用于监测预警的可行性。 试验结果表明，小虫体智能测报系统对稻飞虱（白背飞虱、褐飞虱属和灰飞虱）有较好的识别效果，与人工鉴定的结果基本一致，识别准确率可达90%以上，三种稻飞虱发生峰值和趋势拟合度基本一致。

（2）下一步改进建议。 一是设置常规灯诱对照，试验设计应以小虫体智能测报系统为处理，以常规测报灯（人工识别计数）、智能测报灯（机器识别计数）为对照，统筹考虑诱虫数量、种类识别准确率、发生动态一致性，以便大规模推广应用时与历史记录数据衔接。二是增强区域代表性，应选择稻飞虱迁飞通道或常年重发地区，验证当稻飞虱大规模降落时，小虫体智能测报系统诱集效率及识别准确率。

（三）南方地区马铃薯品种抗性与晚疫病小种致病性监测

为加强马铃薯晚疫病精准监测工作，提升预测依据科学性和预报准确性，全国农业技术推广服务中心联合南京农业大学作物疫病团队，继续在全国各大马铃薯种植区开展主栽品种抗性和晚疫病小种致病性系统监测和采样测试工作，为绘制全国马铃薯晚疫病互作图谱、创建基于"病害流行三角"的监测预报体系奠定基础。

1. 工作开展情况

按照西南、华北、东北、西北等不同生态区和主产区划分时间开展马铃薯主栽品种和晚疫病发生情况系统监测和马铃薯田间病样采集工作。主栽品种和晚疫病发生情况监测，各省组织所有马铃薯主产县，按年度统计当地马铃薯主栽品种（规模化种植667公顷以上，按播期秋冬种/春种分别统计），及其对应的种植面积和晚疫病发生情况。监测情况于每年年底在数字化系统中填报一次。马铃薯田间病样采集，各省选取马铃薯种植面积在0.667万公顷以上或晚疫病常年发生面积在0.133万公顷以上的重点县，安排专人进行晚疫病致病小种采样工作。采得的病叶由南京农业大学作物疫病团队进行病原菌小种鉴定和致病性测试工作。

2023年度，共收集了来自湖北、重庆、四川、湖南、福建、贵州、云南、山西、陕西、甘肃、青海、黑龙江、内蒙古及江苏共14个省级行政单位的310份疑似病害样品，基本涵盖我国马铃薯主产区省份，共采集和保存了云南、贵州、四川、重庆、湖北、湖南和福建等南方地区的晚疫病菌菌株115份。

2. 马铃薯田间病样监测结果

（1）我国马铃薯晚疫病菌群体结构特点。通过 SSR 分子标记的方法对我国 2023 年 115 株马铃薯晚疫病菌进行基因分型，结果表明我国马铃薯晚疫病菌群体遗传多样性复杂，主要分为三个大类群，命名为类群 1、类群 2 和类群 3。其中类群 1 菌株数目最多，分布最广；类群 3 菌株数目最少。类群 1 菌株主要分布在重庆、湖南、四川和云南；类群 2 菌株主要分布在湖北和福建；类群 3 菌株分布在贵州。

（2）马铃薯晚疫病菌毒力型变异特征。利用近等基因系马铃薯材料在实验室条件下对田间菌株进行毒性检测，用于评估田间菌株的毒性变异规律。本年度新发基因型菌株中显著变化的毒性变异来自 $Avr8$ 及 $Avrvnt1$，10.96％可以克服晚疫病抗病基因 $R8$，1.37％可以克服晚疫病抗病基因 $Rpi-vnt1$。毒性测定的结果表明，对于本年度收集的菌株，$R8$、$Rpi-blb1$、$Rpi-blb2$ 以及 $Rpi-vnt1$ 抗病基因马铃薯材料在田间抗性保持较好，而 $R3a$、$R3b$ 以及 $Rpi-blb3$ 抗病基因马铃薯材料防治晚疫病困难。

（3）农药抗性风险评估和敏感性测定。通过菌丝生长速率抑制法监测马铃薯对氟噻唑吡乙酮、霜脲氰、克菌丹及烯酰吗啉的抗药性。监测结果显示氟噻唑吡乙酮出现抗性群体，菌株来自重庆丰都、重庆巫溪及湖北建始，在分离菌株中，重庆中抗菌株占 47.8％，湖北中抗菌株占 17.5％；霜脲氰和克菌丹未出现抗性群体。

（四）小麦流行性病害监测仪试验验证

为验证评价流行性病害监测仪对于小麦赤霉病、白粉病等主要病害的预测预报准确性和田间实用性，促进智能化监测预警技术在小麦生产中的推广应用，全国农业技术推广服务中心组织在河南、河北、山东、江苏、安徽 5 个小麦主产省的 5 个试验点进行了小麦流行性病害预报器试验验证。

1. 工作完成情况

2023 年 4—6 月，选择河南省南阳市唐河县、江苏省泰州市泰兴市、安徽省合肥市庐江县、山东省泰安市东平县、河北省邯郸市曲周县 5 个试验地点，安装流行性病害监测仪（由北京黄将军科技有限公司提供）。病害监测仪设置在小麦赤霉病和白粉病常年重发区域，试验面积 1 亩，要求试验区域小麦播种后不再用杀菌剂。该设备可以自动收集当地病害相关气象数据，以及气象局提供的未来气象数据，由内置的病害流行学模型（中国农业科院植物保护研究所研发提供）进行自动化分析，在抽穗扬花期前 15 天预测病穗率，并将模式化预警报告和防治建议以手机端小程序和短信的形式报告给管理员。

2. 小麦赤霉病自然发生情况预测

5个试验点的小麦赤霉病预测情况和实际调查结果如下表，江淮麦区（安徽庐江、河南唐河）、黄淮及以北麦区（河北曲周、山东东平）预测准确率均为100％（表2-4）。

表2-4　小麦赤霉病预测情况和实际调查结果

试验地点	预测风险级别	试验点平均病穗率	试验点风险等级	风险等级预测差值	预测准确率
河北省邯郸市曲周县槐桥镇西漳头村	中低风险（病穗率5％～20％）	8.42％	中低风险（病穗率5％～20％）	0	100％
江苏省泰州市泰兴市曲霞镇李圩村	中低风险（病穗率5％～20％）	1.48％	低风险（病穗率0～5％）	0	90％
安徽省合肥市庐江县郭河镇北圩村	高风险（病穗率40％～100％）	65.0％	高风险（病穗率40％～100％）	0	100％
山东省泰安市东平县东平街道稻屯村	中低风险（病穗率5％～20％）	7.11％	中低风险（病穗率5％～20％）	0	100％
河南省南阳市唐河县桐寨铺镇张庄村	低风险（病穗率0～5％）	0.95％	低风险（病穗率0～5％）	0	100％

3. 小麦白粉病自然发生情况预测

5个试验点小麦白粉病预测情况和实际调查结果如下表，其中河南唐河未发生小麦白粉病，江淮麦区（安徽庐江、江苏泰兴）、黄淮及以北麦区（河北曲周、山东东平）预测准确率均为100％（表2-5）。

表2-5　小麦白粉病预测情况和实际调查结果

试验地点	预测风险级别	试验点病情指数	试验点风险等级	风险等级预测差值	预测准确率
河北省邯郸市曲周县槐桥镇西漳头村	高风险（病情指数30以上）	44.75	高风险（病情指数30以上）	0	100％
江苏省泰州市泰兴市曲霞镇李圩村	高风险（病情指数30以上）	59.3	高风险（病情指数30以上）	0	100％

（续）

试验地点	预测风险级别	试验点病情指数	试验点风险等级	风险等级预测差值	预测准确率
安徽省合肥市庐江县郭河镇北圩村	低风险（病情指数 20 以下）	0.89	低风险（病情指数 20 以下）	0	100%
山东省泰安市东平县东平街道稻屯村	高风险（病情指数 30 以上）	41.3	高风险（病情指数 30 以上）	0	100%
河南省南阳市唐河县桐寨铺镇张庄村	—	—	—	—	—

4. 小结与讨论

通过 2023 年在东部主产麦区的多点验证，小麦流行性病害监测仪对于小麦赤霉病、小麦白粉病预测预报的准确率高，对防控行动有一定的指导性，是智能化病害监测预警技术在小麦病害生产中的重要应用。为了生产实践中广泛应用，建议进一步完善优化。一是需要优化病害预测结果，可根据模型分析，计算出病穗率的具体数值，并以此数值对应发生程度分级指标（病穗率）的区间。二是根据生产实际需要，尽快修订赤霉病发生程度分级指标，为了适应当前小麦赤霉病防控对产量和毒素含量的双重要求，现行的小麦赤霉病测报技术规范（NY/T 15796—2011）中的发生程度分级指标（病穗率 1 级 0.1%～1%，2 级 1%～10%，3 级 10%～20%，4 级 30%～40%，5 级 40% 以上）需要及时调整，建议根据目前的防控严格要求和年度统计实际，调整为病穗率 1 级 0.1%～1%、2 级 1%～3%、3 级 3%～5%、4 级 5%～10% 和 5 级 10% 以上。三是针对小麦赤霉病等需要预防的暴发性病害，提供更加精准及时的防控指导意见，尤其是首次药剂防治的窗口期。

三、监测预警数值化模型应用与信息化系统建设

（一）全国草地贪夜蛾监测预警信息化平台升级完善

信息化是完成农作物病虫害监测预警工作的重要手段，现代信息技术的发展为害虫监测预警工作提供了前所未有的支持。做好病虫发生信息的规范化调度、科学化处理、

图示化展示是及时掌握各地病虫害发生动态、准确做出趋势预报的基础，也是各级农业农村部门工作部署防控决策的重要依据。针对世界性重大农业害虫草地贪夜蛾（*Spodoptera frugiperda*）侵入我国并快速扩展的形势，为掌握各地草地贪夜蛾发生情况和防治工作进展，全国农业技术推广服务中心于 2019 年 6 月 17 日建成了全国草地贪夜蛾监测预警信息化平台（以下简称平台），通过国家—省—市—县四级监测网络开展田间调查和平台上报，实时调度掌握全国草地贪夜蛾发生防控情况。平台采用边建设边应用、边研究边拓展的形式，实现逐步完善提高的建设思路，2023 年，在原平台部署至农业农村部统一平台—植保植检信息管理平台后，我们根据测报业务工作需要和相关技术研究的进步，在平台上增加了趋势预测、轨迹分析、数值化模型和昆虫雷达联网等监测预报内容。

1. GIS 展示升级

地理信息系统（Geographic information system，GIS）展示模块是平台的灵魂和基础信息的升华，是平台最突出的功能，力求展示要素突出、直观形象、针对性强。平台有 3 类 GIS 展示图，即首次发现时间展示、首次发现时间对比和发生县数分布，GIS 图均可选择时间并实现发生数据的导出功能。

首次发现时间展示 GIS 图，分幼虫、成虫 2 种虫态进行首次发现时间展示，主要为了展示虫情扩展区域和扩展速度。每月的新发县以不同颜色表示，有点位图和填充图形式，实时更新展现，鼠标点 GIS 图任意见虫县即显示各县名称、首见时间及其经纬度。还可突出显示本周新增发生县数量及其分布，反映出当前本周扩展的主要区域。

首次发现时间对比 GIS 图，在首次发现时间单年度展示的基础上，实现任意 2 年的同视窗展示，可以直观反映出年度扩展速度和区域的差异。

发生县数分布 GIS 图，可实现发生县年度发生频次的展示，如展示 2019—2021 年任意时间见虫县的分布，直观展示各年度虫情的变化情况。

2. 监测预报功能升级

监测预报模块创新了平台开发的功能，首次将吴孔明院士团队研发的图像识别、发生期和发生量预测、实时风场和迁飞轨迹预测及昆虫雷达监测等纳入病虫害数字化平台，开拓了病虫测报数字化建设的先河。

图像识别有草地贪夜蛾图像识别，可识别玉米田以夜蛾科为主的 30 余种昆虫，灯下成虫图像识别可识别 120 余种常见昆虫成虫，目前已建成有 5 万张清晰度较高的图片库，平均识别准确率为91.96％。

发生期和发生量预测，输入选定的地点（可自动定位）、寄主作物、预测时间范围以及初始虫源的虫态和数量，平台分别采用日平均积温法、生命表参数，预测关心时段各虫态发生期和发生量。其中，温度和湿度等气象数据来自国家气象信息中心，包含有839个气象观测站近10年的历史数据；生命表参数可选田间调查经验参数和实验室测定参数，后者是草地贪夜蛾在不同温度、湿度条件下取食不同寄主植物的存活率和种群增殖率，计算出各发育阶段的存活率和种群的繁殖力。

实时风场和迁飞轨迹预测，基于雷达种类识别和实时监测基础，通过将昆虫迁飞行为参数化，结合气象研究与预报模式（Weather research and forecasting model，WRF）插值的高精度气象背景场，用数值方法模拟出高分辨的风温场，构建了昆虫迁飞轨迹和起落点预测模型（InsectTrace-WRF），可预测1周内的迁飞轨迹和降落点。再根据雷达观测到的有效方位的飞越虫量及轨迹，可推出其迁入区和迁入量，从而做出量化的区域尺度虫情预报。单部雷达通常可以预测200～500千米，在迁飞路径上，布设多部雷达可以连续推测多日轨迹和落点，实现大区域联合预测。目前云南江城、寻甸、澜沧等地雷达已实现联网，并在平台中显示最新监测结果。

3. 展望与建议

（1）探索接入物联网工具，实现监测数据的实时获取。《全国动植物保护能力提升工程建设规划（2017—2025年）》自2017年实施以来，截至2023年4月，已在28个省份投资建设农作物病虫疫情分中心（省级）田间监测点，在462个县建设重点监测点469个、一般监测点1734个，配备监测设备18270台（套），其中的重点监测点都针对害虫性诱和虫情测报灯等物联网监测设备，这些设备具有自动识别和计数功能。进一步开发平台的数据接口，实现虫量数据的实时获取与传输，达到"有机能替人、有物能互联"，实现测报手段升级换代。

（2）探索与天气系统平台信息的有机联系。昆虫的迁飞过程受多种大气过程的影响，大气环流和大尺度天气系统为昆虫提供了远距离迁移的运载工具和物理环境，中小尺度大气运动决定了迁飞种群的空中动态和地面分布。因此，获取与害虫迁飞相关的重要天气信息，是提高迁飞性害虫迁入时间和区域预测准确性的重要因素。草地贪夜蛾在我国北迁南回同样受到天气气候的影响，最为典型的事件就是2020年8月10日至10月24日，辽宁丹东、大连等6个地级市的11个县级行政区41个乡镇先后确认发现雄蛾 551 头,作为草地贪夜蛾入侵我国的北界区域,通常抵达时间晚、虫量少。推测这次迁入事件是由于 2020 年第 4 号台风"黑格比"、第 8 号台风"巴威"、第 9 号台风"美莎克"和第 10 号台风"海神"先后影响东北地区,台风为草地贪夜蛾扩散至辽宁提供了必要的大气动力条件。昆虫迁飞预测平台中嵌入天气系统信息,成为提高预测准确性的重要因素,需要加强植保与气象的深入合作,探索迁飞性害虫监测平台业务运行的有效途径。

(3)实现昆虫雷达联网,突破迁飞性害虫监测的技术瓶颈。针对雷达监测区域大、信息获取能力强、解算速度快、自动化程度高的特点,实现雷达联网是突破以草地贪夜蛾为重要迁飞性害虫监测的关键技术。目前我国自主研发的全极化 Ku 波段和 X 波段垂直雷达,可获取昆虫个体的高度、速度、朝向、体重、体宽等参数,实现个体回波数据分离,从而实现种类的自动识别。截至 2022 年 6 月底,我国科研单位配备 18 台、推广部门 11 台、大学 3 台、企业 2 台,目前主要部署在云南、广西、海南、四川、河南、山东等的边境区域和重要迁飞通道上,利用 2~3 年时间,采用边研究边应用的方式,加快推进迁飞性害虫雷达监测应用步伐,通过雷达网的大尺度监测和高空灯、地面灯、性诱捕器的小尺度监测网的一体化运行,实现精准定位定量草地贪夜蛾的成虫迁移动态并通过网络实时发布的目标。

(二)基于 HYSPLIT 的大区流行性病害传播轨迹与发生风险预测模型开发与应用

为实现大区流行性病害动态监测、数值化预测和精准预警,2023 年全国农业技术推广服务中心继续应用中尺度粒子传播模型(HYSPLIT)、高性能计算、遥感和气象大数据技术,分析小麦条锈病春季流行传播路径、沉降区域及发生风险,评估秋苗主发区和冬繁区气象适合度;并将基于 HYSPLIT 的大区流行性病害预测模型拓展到玉米南方锈病的预警中,取得显著成效。

1. 对小麦条锈病春季流行和秋冬季扩繁的预测与验证

(1)基本方法

①基础数据整理。基础数据来源于小麦条锈病 2022—2023 年的监测周报数据及周降水量分布叠加图,监测指标包括县一级发生点的小麦条锈病发生始见时间、县级行政区中心经纬度、本周条锈病发生面积、发生状态(程度)等。首先根据小麦条锈病的县

级发生数据，对条锈病菌源强度进行以县为单位的综合评估，并转换为菌源当量，以形成孢子源输入文件。利用数据模型分析，生成可供进行孢子传播路径数值预报分析的气象数据文件，并选取可覆盖中国行政区域的数据子集进行分析。

②孢子传播预测系统。基于小麦条锈病的气传特性，利用 HYSPLIT 模型，基于网格气象数据，对 2—6 月每周条锈病害传播的主要方向、路径和孢子传播浓度等进行了数值模拟分析，并形成逐周动态图。2023 年均仅采用 GDAS 数据进行分析。预测结果以图文并茂的方式，在植保植检信息管理系统中逐周发布，提醒相关传播路径的基层植保人员开展早期调查。

③秋苗及越冬区气象适合度对比分析。小麦条锈病菌的越冬主要由温度决定。根据条锈病菌适宜萌发和侵染的关键温度参数，设置适宜度计算模型并将当月平均温度转为温度适宜度。温度适宜度是 0～1 的无量纲指标，计算规则如下：

$$T\_Fav = \begin{cases} 0; & T \leqslant 2 \text{ or } T \geqslant 28 \\ \dfrac{T-2}{14}; & 2 < T < 16 \\ \dfrac{28-T}{12}; & 16 < T < 28 \end{cases}$$

其中 T 为月平均温度。

对于秋季流行和冬季越冬区域的气象条件分析均可基于上述方法进行定量化评估，以确定春季核心菌源区域。其中 T 也可用逐日或逐旬温度以提高计算精度。

根据以上越冬条件关键因子及计算方法，利用逐日卫星气象遥感监测的地面温度数据生成的逐旬温度条件数据，分别对 2020—2021 冬季与 2021—2022 冬季的条锈病菌越冬适宜区域分布进行了高精度网格化分析，空间分辨率为 1 千米×1 千米。

（2）主要进展

①2023 年 2—6 月全国小麦条锈病发生情况分析。自 2023 年 2 月 13 日开始，利用 HYSPLIT 对自 2 月 6 日开始的历史周报数据进行了逐周分析，并开始对 3 月后的发生情况进行预报分析。经与实际情况验证，2 月虽然平均气温高于 2022 年同期，但受冬春连旱影响，西南麦区小麦条锈病传播范围有限，冬繁区总体病情轻于 2022 年同期。3 月平均温度虽然受强寒潮天气系统影响有大幅度下降，但回升迅速，3 月中下旬开始华北、江淮大部均处于 12～15℃平均温度区间，整体气温比 2022 年同期略高，湖北一带

小麦条锈病开始增加。4月初小麦条锈病有一次明显传播，向河南、山东方向发展，且温度和降雨条件均较为合适，并在4月中下旬有明显发生。进入5月，随着温度上升，华北、江淮大部处于18℃上下，不利于华北区域小麦条锈病菌产孢和扩散，后续病害发展的趋势放缓；与2022年5月相比，小麦条锈病整体发生偏轻。

②2023年条锈病春季流行期HYSPLIT模型预测评估。一是预报时间，基于病害周报数据和该周气象数据，对孢子传播区域和浓度进行7天的连续预测，对病害可能发生地区的预报时间2～3周；二是方法简化，2023年仅采用GDAS数据集进行分析，以提高分析准确性，但同时预报时间有所减少，用GDAS分析的结果可以在一般情况下提供2周以上预警窗口期；三是预测准确率，以未来3周发病可见为评判，准确率在85%～95%，与2021—2022年情况基本一致；四是预测结果空间分辨率，目前为20～25千米，可指导市县级统防统治工作，未来可提升到5～10千米，可指导村乡级精确防治；五是指导效益，减少低风险区域无效田间调查，高风险区域协助工作安排，合理调度，精确用药。

③秋冬季条锈病发生的气象适合度预测与验证。2022年、2023年冬季受连续拉尼娜现象影响，我国总体气温阶段性起伏大，前冷后暖，其中12月各旬气温均偏低，1月上旬偏高2.0℃，整体接近常年；冬季全国平均降水量为31.8毫米，较常年同期偏少24.6%。云、贵、川、桂等地自2022年遭遇秋旱以来，气象干旱持续时间较长，覆盖范围呈现波动变化。12月，中旱及以上覆盖面积广，其中12月1日，贵州中旱及以上、重旱及以上、特旱面积分别为17.2万平方千米、14.8万平方千米和9.5万平方千米，均为1961年以来面积最大。上述气象条件整体对小麦条锈病菌的越冬不利。利用逐日卫星气象遥感监测的地面温度数据生成的逐旬温度条件数据，分析2022—2023年冬季的条锈病菌越冬适宜区域分布，总体与2022年比差异不大，但陕西南部和湖北北部等地局部越冬适宜度较低，对小麦条锈病菌的越冬较为不利。

2. 对玉米南方锈病随台风北上、深入黄淮华北麦区的预警与验证

2023年7月下旬，第5号台风"杜苏芮"在我国东南部地区登陆，且残余环流向北偏西深入内陆，带来雷暴大风和大量降水，其发生强度大、涉及范围广、北上影响强，为玉米南方锈病的跨区大范围传播和下阶段集中显症提供了非常有利的条件。鉴于这一严峻形势，全国农业技术推广服务中心于7月30日发布了《警惕台风"杜苏芮"过后玉米南方锈病在江南和黄淮海暴发流行》的预警，应用HYSPLIT模型，结合玉米南方锈病的菌源传播路径、孢子沉降范围和未来天气适宜度，对其在夏玉米主产区的发生风险进行了图像化预测，预计7月底至8月中下旬，江西、湖南大部、湖北南部、安徽和江苏北部、河南和河北大部、山东大部以及山西和陕西局部玉米南方锈病暴发流行风险较高。

本次预警比实际流行盛期的预测时限提前了4～6周，经河南、山西、山东、河北等黄淮海高风险区采样检测，2周后病点检出率达58.1%。该项技术应用和预报发布，有效规避了2017年、2020年防控失时的被动局面，高风险区内各级各地层层发动，经大面积预防和应急防治，玉米南方锈病重发范围由566.6万公顷压缩到432.16万公顷，压减了23.7%，在玉米主产区避免了30%～60%的产量损失。

（三）基于生态型的农作物病虫害预测模型与开发平台建设进展

根据全国稻区水稻重大病虫害监测预警需要，自2021年开始全国农业技术推广服务中心与四川省农业科学院植物保护研究所开展合作，以稻瘟病、水稻螟虫、稻飞虱等水稻主要病虫害对象，建立日常测报调查数据和气象数据库，分类建立逐步回归模型，构建了"基于生态型的农作物病虫害预测模型与开发平台V1.0"（2022SR0344618）。2023年模型构建与验证情况如下。

1. 水稻主要病虫害预测模型构建及其回归验证准确率

（1）稻瘟病预测模型。 以往年感病品种面积比、种子带菌率、稻草带菌率、稻草产孢始期、发病始期、苗瘟发生面积、平均发病株率、平均病情指数、急性病斑百分比、药剂处理百分比等为预测因子，预测2023年发生面积、病叶率、病穗率、病情指数等。

（2）水稻螟虫预测模型。 以往年冬后二化螟亩活虫数、三化螟亩活虫数、大螟亩活虫数、二化螟死亡率、三化螟死亡率、大螟死亡率、百根稻草活虫数、冬水田面积百分比等为预测因子，预测2023年一代二化螟亩残虫数、卵块量、枯心率等。

（3）稻飞虱预测模型。 以往年及2023年5月迁入峰次、灯下总虫量、褐飞虱比率、主迁峰诱虫量、田间高峰期百丛虫量、平均温度、降水量、相对湿度、降雨日数等为预测因子，预测2023年6月灯下总虫量、田间发生高峰时间等。

使用稻瘟病、水稻螟虫、稻飞虱逐步回归模型，分别预测四川大竹、通江、资中、金堂、剑阁、富顺、汉源、江油、邻水县（区）等发生危害情况。结果表明，83%的预测模型准确率在 70% 以上，但是资中、大竹的稻瘟病以及金堂、剑阁的二化螟预测结果准确率低于 65%。分析回归验证准确率较低的主要原因，一是数据年限不够，如金堂、剑阁的二化螟相关调查仅有 15 年历史数据，二是数据完整度不高，如资中、大竹的稻瘟病相关调查数据空值（即 0）较多、完整度低，影响了预测的准确率。

2. 预测模型应用可行性分析

（1）原始数据丰富度是影响预测模型准确率的关键因素

①数据年限。逐步回归预测的准确性，依赖于建立模型的数据，其历史资料积累年限越长，预测结果越可靠，本研究中稻瘟病预测模型基于 40 年的历史数据拟合得出，其预测准确率远大于水稻螟虫、稻飞虱预测模型。在实际应用中，为了提高预报准确性，可以每年更新数据库，缩短建模与预测时间间距，从而提高预测准确率。

②数据质量。数据记录的完整性、数据格式的一致性、空白值的数量等都会对建立模型、预测准确度等有明显影响；从数据内在质量上，病虫测报数据的准确性、真实性、完整性、全面性、及时性、即时性、精确性和关联性都会对建立的模型有影响。

（2）专业解释度高的模型可以用于实际的病虫预测。一般情况下，采用数理统计分析得出的模型，自变量与预测目标存在着生物学上的关联，如大竹穗瘟发生面积预测模型为：$0.190\,7X_1+1.886\,2X_2+107.241\,4X_3+0.682\,2$，自变量分别为种子带菌率、苗瘟发生面积、叶瘟化苗面积，这些因子与穗瘟存在生物学联系。

但一些模型也存在与生物学不相关甚至相违背的情况，如金堂的二化螟高峰期累计卵块量预测模型为：$-1.032\,49X_1+634.412\,5$，其中自变量为大螟亩活虫数，从生物学上就难以解释，因此这类模型不适用于实际生产。

（四）鼠害物联网智能监测推广应用

鼠害物联网智能监测是提升我国农区鼠害预警能力的重要途径和手段。2018 年 6 月，全国农业技术推广服务中心与清华——青岛大数据工程研究中心签订全国农区鼠害物联网智能监测项目五年战略合作协议（2018.06—2023.06）；2023 年 11 月，全国农业技术推广服务中心与改制后的青岛清数科技有限公司续签第二期合作协议（2023.12—2028.12），共同推动我国农区鼠害的物联网智能监测进程。五年来，双方秉持"着眼长远、突出重点、加快建设、整合共享"的理念，初步建成了全国农区鼠情物联网智能监测系统，在全国 31 个省（自治区、直辖市）171 个县（市、区）推广应用物联网智能监测终端 403 套，实现了鼠情数据采集自动化、数据报送网络化、信息分析自动化、预报发布方式多元化。

鼠害物联网智能监测是以物联网技术为基础，融合机器视觉、模式识别、大数据、深度学习等技术，实现害鼠 365 天×24 小时连续动态监测和智能识别分类的方法。每个鼠害物联网设备连续 30 天布放，相当于每月 30 个夹日（夜）。鼠害物联网监测系统可通过长期可视化数据分析监测区域鼠种分布、群落结构、种群数量、生物量动态、密度趋势、行为节律等，实现监测源数据查询和系统异常实时预警。鼠情物联网智能监测系统有效解决了鼠夹等传统调查工具不统一、时间不统一、劳动强度大、鼠种难识别等专业问题；节约人力成本，降低了对监测人员专业化程度的要求；同时减少监测调查人员直接与害鼠的接触，极大降低了感染鼠传疾病的风险。在保障国家粮食安全的同时，实现"护产业、保生态、健康宜居"的农区鼠害防控目标。

2023 年，403 套鼠害物联网智能监测终端共监测到 21 种鼠形动物 6 356 只，总鼠密度为 8.01%；20 个鼠种，包括小家鼠、黄胸鼠、褐家鼠、黄毛鼠、卡氏小鼠、板齿鼠、达乌尔黄鼠、黑线姬鼠、黑线仓鼠、子午沙鼠、阿拉善黄鼠、松鼠、东方田鼠、大绒鼠、黑线毛足鼠、小毛足鼠、高山姬鼠、中华姬鼠、大仓鼠、巢鼠。其中小家鼠、黄胸鼠、褐家鼠、黄毛鼠、卡氏小鼠为主要优势种群，占捕获总数的 82.17%。物联网监测显示全国农区平均鼠密度为 8.01%，比上年提高 7 个百分点。优势鼠种在农田和农舍中均有分布，每年的 6—7 月和 9—12 月为鼠害发生高峰期，该时期提前采取防控措施能较好地控制鼠害发生密度。

第三章

农作物重大病虫危害与防治

2023 年，认真落实党中央、国务院关于农业农村重点工作总体部署，严格按照《2023 年"虫口夺粮"保丰收行动方案》，聚焦小麦条锈病、小麦赤霉病、小麦蚜虫、水稻"两迁"害虫、稻瘟病、草地贪夜蛾、黏虫、玉米螟等重大农作物病虫害，扎实开展"虫口夺粮"促丰收行动，最大限度减轻危害损失。

一、重大病草鼠虫害防治概况

（一）水稻病虫害

1. 防控行动

根据农业农村部组织实施"虫口夺粮"保丰收行动的统一部署，全国农业技术推广服务中心制定了《2023 年水稻重大病虫害防控技术方案》，组织各地做好水稻病虫害防治技术推广，指导各地开展水稻重大病虫害防控。7 月，种植业管理司会同全国农业技术推广服务中心组织召开水稻病虫害统防统治与绿色防控融合现场会，总结交流各地早稻病虫害防控做法和经验，分析研判中晚稻重大病虫害发生形势，动员部署监测防控工作。

2. 防控成效

2023 年，各级植保部门围绕"确保粮食和重要农产品稳定安全供给，种植业高质量发展稳步推进"总目标，以及"两稳两扩两提"重点任务，突出抓好水稻重大病虫疫情防控，大力推进统防统治与绿色防控融合，护航粮食安全和农业绿色高质量发展，取得了积极进展成效。针对稻飞虱、稻纵卷叶螟、二化螟、水稻纹枯病、稻瘟病等主要病虫害，以及三化螟、大螟、稻秆潜蝇、黏虫、台湾稻螟、稻叶蝉、稻瘿蚊、穗腐病、白叶枯病、南方水稻黑条矮缩病、细菌性基腐病、跗线螨和紫秆病、水稻线虫病、福寿螺等局部发生病虫害，狠抓防治任务落实，开发和示范绿色防控新技术，不断提升水稻病虫害防治技术水平，持续推进水稻病虫害的可持续治理。水稻病虫害得到有效控制，全国水稻病虫害防治面积 16.20 亿亩次，挽回稻谷损失 2 658 万吨，全国水稻病虫害绿色防控 2.45 亿亩，病虫害绿色防控覆盖率达到 58.62%。

3. 技术进展

（1）开展绿色防控技术试验示范。在东北稻区、华南稻区、长江中下游稻区建立水稻病虫害绿色防控示范区，分别开展种子处理和带药移栽、生物农药使用、人工释放赤眼蜂等病虫害全程绿色防控技术开发和集成。开展了淀粉芽孢杆菌防治水稻恶苗病、噻唑锌防治水稻细菌性病害以及利用金龟子绿僵菌防治二化螟、稻纵卷叶螟、稻飞虱等害虫的产品技术试验，不断开发田间应用技术，为进一步示范推广提供科学依据。

（2）优化生态调控防治水稻害虫技术。联合浙江省农业科学院，针对水稻主要害虫的控制，进行稻田生态系统的合理设计，围绕土著天敌和人工释放天敌的保护、增殖与提高控害能力，采取田埂种植和保留蜜源植物、栖境植物、螟虫诱集植物，斑块化种植储蓄植物等生态工程措施，调节和恢复稻田生态系统中害虫与天敌之间的均衡性，使水稻害虫种群量处于相对较低的水平，不对水稻生长构成危害。该技术被列入 2023 年农业农村部粮油生产主推技术。

（3）开展防控技术培训指导。6 月，在浙江宁波举办水稻等农作物病虫害绿色防控技术培训，来自全国 23 个省（自治区、直辖市）的 50 余人参加了培训，进一步加快农作物病虫害绿色防控关键技术的推广应用，促进农药减量增效，保障农产品质量安全。在水稻重大病虫害发生防控关键时期，全国农业技术推广服务中心赴湖南衡阳、广东江门等地开展重大病虫害发生督导和技术指导，各地植保机构及时组织人员力量下沉一线，深入田间地头指导农民开展重大病虫防治。

（二）小麦病虫害

1. 防控行动

2023 年小麦病虫害呈病害偏重、虫害偏轻的发生特点，属总体中等、局部偏重发生年份。其中小麦赤霉病受黄淮"烂场雨"影响有加重趋势、小麦茎基腐病在黄淮、华北、陕西关中等麦区普遍发生，严重威胁夏粮生产安全。党中央、国务院高度重视，1月28日李强总理主持召开国务院常务会议，要求抓好小麦、油菜春季田管，及时防范病虫害等灾害，决定继续实施小麦"一喷三防"补助全覆盖。农业农村部年初印发《2023年"虫口夺粮"保丰收行动方案》，对防灾夺丰收提出总体要求，明确思路目标、技术路线和重点任务；2022年9月，农业农村部种植业管理司会同全国农业技术推广服务中心组织小麦秋播拌种视频会，安排部署小麦秋播拌种工作，2023年度全国小麦秋播拌种率达94%；在小麦生长中后期分别召开小麦条锈病、小麦穗期重大病虫害防控现场会，小麦赤霉病防控、"一喷三防"视频调度会等重要会议，印发《关于加强小麦赤霉病防控的紧急通知》，分区域、分病虫安排部署，组织各地落实落细各项防控措施。4月中旬，农业农村部商财政部紧急下拨12.5亿元农业生产救灾资金和16亿元小麦"一喷三防"补助资金，支持各地开展病虫害统防统治，促进小麦稳产丰收。据统计，各地累计投入病虫防控和小麦"一喷三防"资金23.5亿元，其中，安徽7.44亿元、河南5.66亿元、山东3.7亿元、江苏3.3亿元、湖北1.84亿元、山西0.99亿元。

各级植保机构加强监测预警，开展防控技术指导和服务。全国农业技术推广服务中心在我国小麦条锈病菌源区、关键越冬区、春季流行区继续开展小麦条锈病分区防控技术集成示范，推进小麦条锈病的可持续治理，集成的小麦条锈病"压、延、阻"全程绿色防控技术被评为2023年农业主推技术，在全国小麦种植区推广示范。2023年9月，印发小麦条锈病分区防控技术体系，推进小麦条锈病可持续治理，切实控制病害流行，减轻危害损失，保障国家粮食安全；坚持施行"主动出击、见花打药"的小麦赤霉病防控策略，在安徽、湖北等小麦赤霉病多发麦区开展小麦赤霉病毒素检测、抗药性检测等行动，组织丙硫菌唑、氰烯菌酯、氟唑菌酰羟胺、丙硫唑等新药剂防治技术示范，切实提高防控效果；针对小麦穗期蚜虫等病虫害，结合"一喷三防"压低虫量，有效遏制其发展。对小麦茎基腐病、小麦纹枯病等新发苗期病害，全国农业技术推广服务中心组织印发《小麦春季病虫害防控技术方案》，指导各地开展小麦苗期病虫害防治。

2023年全国农业技术推广服务中心组织全国植保体系4个省22个县（市、区）认真开展小麦病虫草害防控植保贡献率评价工作。经各地认真开展田间试验和科学分析研判，综合测算得，2023年全国小麦病虫草害防控植保贡献率为27.58%。

结合各项小麦病虫害绿色防控技术，2023年农业农村部在全国遴选了小麦病虫害绿色防控示范推广基地13个，小麦病虫害绿色防控技术模式14个，全国农业技术推广服务中心在全国建立小麦病虫害绿色防控、小麦条锈病分区防控技术示范等绿色防控示范区 10 个。各省、市、县各级小麦绿色防控示范区或示范点 1 787 个，累计示范面积达 3 889 万亩。经测算，全国小麦病虫绿色防控覆盖率达 56.9%，较 2022 年年增加 3.32 个百分点。

2. 技术进展

（1）**集成推广小麦条锈病"压、延、阻"全程绿色防控技术。** 贯彻"预防为主，综合防治"植保方针，坚持"长短结合、标本兼治、分区治理、综合防治"策略，以越夏区治理为重点，以越冬区和冬繁区控制为关键，以春季流行区预防为保障，压低菌源地菌源量，延缓毒性小种产生，阻遏病菌跨区传播。

（2）**小麦秋播拌种技术。** 秋播药剂拌种是一项防治关口前移、压低病虫基数、有效预防控制小麦病虫危害的关键技术措施。做好小麦秋播拌种，能够有效控制地下害虫和种传、土传病害及秋冬季小麦苗期病虫害，为全年小麦病虫害防控打好基础。

（3）**小麦赤霉病全程防控技术。** 播种前及时耕翻土壤，粉碎作物病残体，减少田间初侵染菌源数量。自小麦播种期始，在小麦赤霉病常发区选用中等抗性品种，如长江流域麦区选用苏麦、扬麦等系列品种。做好小麦秋播拌种及种子筛选，减少种子带菌率。抓好抽穗期至扬花期喷药预防，见花打药、主动预防，做到"扬花一块、防治一块"，遏制病害流行。药剂品种可选用氰烯菌酯、丙硫菌唑、氟唑菌酰羟胺等药剂及其复配剂。施药后 6 小时内如遇雨，雨后应及时补治。如遇持续阴雨，第一次防治结束后，需隔 5～7 天进行第二次防治，确保控制流行趋势。

（4）**小麦茎基腐病防控技术。** 重点抓好保健栽培防病和药剂"一拌一喷"等关键措施，控制病菌前期侵染，降低后期发病程度。秋季小麦播种后至越冬期，采取种子包衣或拌种处理预防小麦茎基腐病发生。结合小麦其他病害的预防，选用咯菌腈、戊唑醇、苯醚甲环唑、吡唑醚菌酯、氰烯菌酯、丙硫菌唑、氟唑菌酰胺、灭菌唑等成分的药剂进行种子处理，对小麦茎基腐病的发生具有良好的兼治效果。在小麦返青早期施药可进一步控制茎基腐病的危害。结合小麦纹枯病等苗期其他病害的防治，选用含有戊唑醇、氟唑菌酰羟胺、丙环唑、嘧菌酯、甲基硫菌灵、丙硫菌唑、氰烯菌酯等成分的药剂喷施。施药时注意调整喷头高度和方向，适当加大用水量，重点喷小麦茎基部，防治效果更为明显。

（5）**中后期"一喷三防"技术。** 小麦生长中后期病虫害发生较为集中，后期生长关键时期易受春夏季高温高湿不利条件影响，对小麦产量影响较大。"一喷三防"技术是一项专业性强、时效性高的技术措施，通过喷施杀虫杀菌剂、叶面肥、生长调节剂的复配剂，达到防病虫害、防干热风、防早衰的目的，对小麦生长中后期增产具有较大帮助。

（6）小麦病虫全程绿色防控技术。 对小麦从播种到中后期病虫防治实施全过程绿色防控措施，主要包括：按不同地区病虫发生情况进行小麦抗（耐）病品种布局；推行精细整地、适墒适量适期播种，以及播后镇压和及时灌溉等田间管理措施；秋播药剂拌种预防控制土传、种传病虫和地下害虫以及苗期病虫害发生危害。在地下害虫成虫期，选择合适的诱集产品，在成虫集中区域，成虫交配等关键期，开展理化诱杀；有条件的地方释放蚜茧蜂等天敌昆虫进行相关生物防治；小麦生长中后期开展"一喷三防"，防病虫害、防干热风、防早衰。通过实施小麦全生育期绿色防控措施，起到农药减量、减损增效的目的。

3. 防控成效

据统计，2023年小麦重大病虫害累计发生6.1亿亩次（其中，小麦条锈病发生770万亩、赤霉病发生3 692.4万亩、茎基腐病发生5 668万亩、蚜虫发生1.5亿亩次）。今年累计实施小麦病虫害防控10.6亿亩次（小麦条锈病防治2 795.7万亩次、赤霉病预防控制4.1亿亩次、蚜虫防治2.1亿亩次）。病虫害发生面积较预测减少发生2亿多亩次，尤其是对产量、质量威胁最大的小麦条锈病、赤霉病控制在轻度发生水平。安徽、湖北、江苏等省小麦呕吐毒素（DON）检测，多数样品含量低于800微克/千克，小于1 000微克/千克的国家收购标准。经各地组织专家评估测算，2023年小麦病虫害防治成效明显，共计挽回产量损失740多亿斤，比上年增加10亿斤，"虫口夺粮"保丰收成效明显。小麦赤霉病防治区域病穗率在5%以下，比不防治区域下降40～60个百分点。

（三）玉米病虫害

1. 防控行动

2023年是全面贯彻落实党的二十大精神的开局之年，是"十四五"规划承上启下的关键之年。今年中央一号文件强调要多措并举、综合发力，全方位夯实粮食安全根基。农业农村部办公厅印发《2023年"虫口夺粮"保丰收行动方案》，全国农业技术推广服务中心组织制定《2023年玉米重大病虫害防控技术方案》。4月26日，农业农村部在陕西榆林召开粮油绿色高产关键技术观摩暨玉米单产提升会议，围绕玉米单产提升关键技术、病虫害防控及玉米单产提升工程项目实施等开展专题培训。8月8日，农业农村部在河南安阳召开黄淮海秋粮重大病虫害防控现场会。8月中旬针对暴雨台风天气影响导致玉米南方锈病流行的情况，制定《玉米南方锈病防控技术指导意见》。9月农业农村部下发通知，抓好"三秋"期间农业防灾减灾工作，确保秋粮丰收到手、秋冬种面积落实。10月上旬，农业农村部种植业管理司会同全国农业技术推广服务中心，派出4个工作组赴黄淮海、长江流域、西南、西北等地区重点省份开展"三秋"生产指导服务。

2. 技术进展

（1）玉米重大病虫害防控技术试验示范。 在全国9省（自治区、直辖市）17个县（市、区）开展玉米病虫害综合解决方案示范工作，在增产提质方面开展实践研究；在3省（自治区、直辖市）6县（市、区）开展食诱剂对棉铃虫、甜菜夜蛾等靶标害虫的诱集和防治效果研究。例如在玉米病虫害综合解决示范点山东邹城试点，从防治效果看，玉米叶斑病防效达96.55%，锈病防效为90.85%，玉米穗期害虫平均防效为87.31%。测产结果显示，示范区平均单产763.47千克/亩，比常规对照平均单产661.30千克/亩，亩增产102.17千克，增产率为15.45%，每亩增加收益265.64元，投入产出比在1∶2.6左右。

（2）开展玉米重大病虫防控植保贡献率评价工作。 2023年全国农业技术推广服务中心继续开展植保贡献率评价工作，组织河北、吉林、河南、安徽、陕西、四川和云南7省植保体系认真开展了玉米重大病虫害防控植保贡献率评价工作。通过统一设置严格防控区、统防统治区、农户自防区、不防病虫害区和完全不防治区，采用多点试验测产的方法，经科学评估，2023年全国玉米病虫草害防控植保贡献率为25.66%。统计结果表明，严格防控和统防统治情况下，防控植保贡献率分别比农户自防高11.96和6.18个百分点。

（3）开展草地贪夜蛾绿色防控技术试验示范。 2023年，分区域制定草地贪夜蛾绿色防控技术集成示范方案，落实周年繁殖区、迁飞过渡区、重点防范区的试验示范任务。通过试验示范集成、观摩培训指导、发放技术资料等形式，有力促进了草地贪夜蛾绿色防控技术集成与推广应用，取得了较好的效果。据统计，2023年开展核心示范6 650亩，辐射带动163.8万亩，培训农技人员507名，培训植保社会化服务组织、农户及经销商 3 247 人次，发放挂图、明白纸等技术资料 2.96 万余份。在周年繁殖区（广东）示范区，集成"性诱捕杀＋释放天敌＋药剂防治"技术模式，核心示范 200 亩，辐射带动全市 10 万亩，示范作物为鲜食玉米，亩产 2 070 斤，亩纯收益 2 882.5 元，较农户自防区增收 1 082.5 元，化学农药用药减少 3 次。

3. 防控成效

2023 年，全国各级农业农村部门和植保机构充分发挥植保防灾减灾在粮食单产提升、稳产保供方面的作用，重点做好草地贪夜蛾、玉米螟、黏虫、棉铃虫、玉米南方锈病、玉米大斑病、玉米小斑病（四虫三病）的防控工作，建立各级玉米病虫害防控示范区，开展生态调控、理化诱控、生物防治、高效低风险药剂的试验示范和技术集成应用。据统计，全国玉米病虫害防治面积 10.88 亿亩次，比上年增加近 1.8 亿亩次，玉米总产 2.89 亿吨，比上年增长 1 200 多万吨，单产 435.47 千克/亩，比上年提高 6.4 千克/亩，挽回产量损失 3 000 多万吨。玉米病虫害绿色防控覆盖率 55.88％，比上年提升 4.11 个百分点。

（四）马铃薯病虫害

1. 防控行动

各马铃薯主产省份产区持续加强马铃薯绿色防控示范区建设，针对马铃薯早疫病、晚疫病、病毒病、地下害虫、蚜虫等主要病虫害开展绿色防控技术推广，带动各地马铃薯病虫害绿色防控覆盖面积进一步提升。为完成农药减量工作，全国农业技术推广服务中心年初印发《2023 年马铃薯重大病虫害防控技术方案》指导全年马铃薯防控工作开展，各地根据当地种植特点分区分类、因地制宜，分别制定印发《"虫口夺粮"保丰收行动方案》，指导当地组织开展 2023 年度马铃薯等农作物病虫害防治工作。

结合各项马铃薯病虫害防控技术，2023 年农业农村部在全国遴选马铃薯病虫害绿色防控示范推广基地，推广马铃薯病虫害绿色防控技术模式 3 个，全国农业技术推广服务中心建立马铃薯病虫害绿色防控技术示范区 2 个。省、市、县各级马铃薯绿色防控累计示范面积达 3 001.44 万亩，马铃薯病虫绿色防控覆盖率达 52.51％，较上年增加 2.81 个百分点。

2. 技术进展

（1）微型薯整薯种植及配套农业防治技术。种薯切块种植是传统的栽植技术，带来病毒病等多种病害的传播，微型薯整薯种植结合轮作倒茬、催芽晒种等农业防治技术，可有效减少马铃薯病害的发生，是一项非常有效的绿色防控技术。

（2）理化诱控马铃薯害虫技术。采用可降解黄板、多功能诱捕器等诱杀蚜虫、地下害虫等主要害虫。有翅蚜发生盛期，在田间设置可降解黄板诱杀有翅蚜虫，同时设置多功能害虫诱捕器诱杀小地老虎、金龟子等鳞翅目成虫。

（3）植物微生态制剂配合化学药剂防治马铃薯种传、土传病害技术。应用以枯草芽孢杆菌为主的植物微生态制剂，抗重茬、防种传、土传病害，具有防效高、绿色、经济的特点。据调查，该技术可促进马铃薯健康生长，植株病害减轻，对重茬马铃薯粉痂病等的防效可达 43.6％，亩增产 16.2％。

（4）植物源农药防治马铃薯晚疫病技术。选用丁子香酚等生物农药防治马铃薯晚疫病，具有保护期长、治疗速度快、成本低等特点，喷施 1～2 天后病斑即干枯治愈，边缘不再向四周扩展，对马铃薯晚疫病防效在 80％以上。在马铃薯晚疫病防治过程中实现绿色防控、减药增效、生物农药替代化学农药的目标。

（5）马铃薯播期防控技术。通过合理轮作、播前种薯处理等措施，对防治种传、土传病害和地下害虫、蚜虫有事半功倍的效果。马铃薯播种前实行 3 年以上轮作防治土传病害和地下害虫，可与玉米、小麦、大豆等非茄科作物轮作倒茬。选择脱毒马铃薯原种或一级种薯播种，并在种薯切块过程中，用酒精蘸刀或 3％来苏水、0.5％高锰酸钾溶液浸泡切刀进行消毒，多把切刀轮换使用。种薯切块后选用合适药剂进行种薯拌种，也可选用生物制剂拌种，防治土传、种传病害和地下害虫；对土传病害严重的地块，全田施用芽孢杆菌生物菌肥或菌剂。如果田块以黑痣病、晚疫病、疮痂病、枯黄萎病等真菌性土传病害为主，播种时沟施嘧菌酯或噻呋酰胺，如该田除上述病害还有疮痂病等病害发生，沟施氟啶胺及微生物菌剂等。

3. 防控成效

2023 年，全国马铃薯产区高度重视马铃薯病虫害防控工作，依托先进设备，及时开展监测预警、组织防控行动，取得显著成效。据统计，2023 年全国马铃薯病虫害发生面积 5 567.76 万亩次，较 2021 年降低 8.8％；防治面积 7 688.95 万亩次，是发生面积的 1.38 倍，防治处置率 95％以上。据测算，各地经防治挽回损失 194.1 万吨，其中，晚疫病挽回损失 96.9 万吨，占总挽回损失的 49.9％。

（五）大豆病虫害

1. 防控行动

2023年，我国深入推进大豆和油料产能提升工程，扎实推进大豆玉米带状复合种植，支持东北地区、黄淮地区开展粮豆轮作，稳步开发利用盐碱地种植大豆。为落实中央一号文件、农业农村部一号文件关于加力扩种大豆油料工作部署，全力做好技术支撑保障，全国农业技术推广服务中心制定印发《大豆玉米带状复合种植病虫害防治技术指导意见》《大豆主要病虫害防控技术方案》。农业农村部有关司局和技术支撑单位开展系列会议培训和调研指导活动，5月10日，在黑龙江齐齐哈尔召开全国大豆大面积单产提升工作推进会；6月上旬在安徽宿州召开全国大豆玉米带状复合种植现场观摩交流会；7月全国农业技术推广服务中心派出6个专家组开展大豆玉米带状复合种植技术指导服务活动；7月中旬开始，农业农村部种植业管理司会同全国农业技术推广服务中心、中国农业科学院等单位，组织开展大豆玉米大面积单产提升交叉观摩一月行活动。

2. 技术进展

在黑龙江穆棱建立大豆病虫害绿色防控示范区1个，核心示范面积1 000亩，辐射带动2万亩。在示范区内合理应用种子处理、理化诱控、生物防治、化学防治等技术及产品，利用无人机、自走式高秆作物喷雾机等高效植保机械，重点防控大豆疫霉病、根腐病、菌核病、叶部病害、食心虫、蚜虫、双斑莹叶甲、红蜘蛛、地下害虫等大豆主要病虫害。从试验防控效果看，70%噻虫嗪种子处理可分散粉剂对地下害虫防效达82.86%，62.5克/升精甲霜灵种衣剂拌种对大豆疫霉病防效91.7%，10亿CFU/克哈茨木霉菌对大豆根腐病防效72.22%，1 000亿CFU/克枯草芽孢杆菌剂对大豆菌核病防效75%，2%苦参碱水剂对大豆蚜虫、双斑莹叶防效96.16%，40%哒螨灵悬浮剂对大豆红蜘蛛防效96.14%。总体投入产出比在1：2以上。

在四川成都金堂开展大豆玉米带状复合种植病虫害绿色防控试验示范。综合应用药剂拌种、播后苗前除草、控旺调节、理化诱控、生物农药等技术措施。通过拌种，大豆根腐病、炭疽病、锈病得到有效抑制，2.5%井冈·枯芽菌水剂100毫升喷雾防治玉米纹枯病相对防效80.87%，食诱剂诱杀甜菜夜蛾、黏虫、斜纹夜蛾等鳞翅目害虫相对防效83.84%，1.2%烟碱·苦参碱乳油1 000~2 000倍液喷雾防治大豆玉米蚜虫相对防效 95.34％。示范区比常规区平均减少农药施用 2 次以上，减少化学农药使用量 40～50 克（毫升）/亩以上。示范区玉米单产 550 千克/亩，比常规区高 30 千克/亩，大豆平均单产 103 千克/亩，比常规区高 23.5 千克/亩。示范区比常规区平均每亩增收 250.00 元，节本增效 80.00 元，综合效益增加 330.00 元/亩。

3. 防控成效

据统计，2023 年全国大豆病虫害发生面积 1.38 亿亩次，防治面积 1.76 亿亩次，挽回产量损失 126.18 万吨。绿色防控覆盖率 53.91％，比 2022 年提升 4.52 个百分点。从国家统计局数据看，全国大豆播种面积 10 470 千公顷，比上年增加 227 千公顷，增长 2.2％；全国平均单产 1 991 千克/公顷，比上年增加 11 千克，增长 0.5％；大豆总产 2 084 万吨，比上年增加 56 万吨，增长 2.8％，三项数据较上年均有提升。

（六）油菜病虫害

1. 防控行动

为贯彻落实油菜大面积单产提升行动要求，加强油菜病虫害防控技术指导，2023 年 2 月，全国农业技术推广服务中心组织召开 2023 年重大病虫害防控技术方案专家会商审定会，研究制定并印发了 2023 年全国油菜主要病虫害防控技术方案。3 月，全国农业技术推广服务中心在湖北武穴组织召开全国油料作物病虫害防控技术研讨会，要求各地按照《2023 年"虫口夺粮"保丰收行动方案》部署，科学研判油菜等油料作物病虫害防控面临的新形势，多措并举全面提升油料作物病虫害防控能力，抓好重大病虫害防控工作，为夺取油菜等油料作物丰收赢得主动权。11 月，制定印发了《2023—2024 年度油菜主要病虫害全程防控技术方案》，明确了长江中下游及南方三熟制油菜产区、长江上游和云贵高原油菜产区、北方和青藏高原油菜产区等全国油菜主产区重点防控对象及主要防控措施。

2. 技术进展

针对油菜不同生育阶段，推广应用适用技术，提升油菜病虫害整体防控技术水平，保障油菜丰产丰收。

（1）油菜播种期。 一是因地制宜选择耐密、高产、抗倒、抗（耐）病的优质高效的油菜品种。根肿病重发区可选择华油杂 62R、华油杂 5R、华油杂 115R、圣光 165R、中油 893、中油 827 等抗（耐）性品种。二是实行轮作。条件适宜地区建议广泛实行轮作，尤其是油菜菌核病常发区或根肿病重发区，同禾本科作物或非十字花科作物合理轮作，有效减少田间病原菌量以及鳞翅目害虫、甲虫的虫源基数，减轻油菜病虫害的发生程度。三是土壤处理。选用盾壳霉、木霉菌以及枯草芽孢杆菌等生物菌剂对土壤进行处理，加速土壤中菌核腐烂，减少田间菌核数量。根肿病重发区采用草木灰拌土盖种，施用石灰氮改变土壤酸碱度，推迟播种。四是种子处理。针对防控对象选用合适的种衣剂对油菜种子进行包衣或拌种，或对种子进行药剂浸种，减轻苗期病虫危害程度。北方和青藏高原油菜产区可选用噻虫嗪进行拌种，预防油菜茎象甲危害。五是加强田间管理。菌核病常发区要深耕深翻，清洁田园。长江中下游冬油菜产区要合理密植，深沟高畦栽培，清沟排渍。根肿病常发区，育苗移栽田块应确保无病苗移栽。

（2）油菜苗期。长江中下游及东南沿海油菜产区冬季至早春重点挑治蚜虫、猿叶甲和立枯病（根腐病）、霜霉病，压低发生基数。长江上游和云贵高原油菜产区重点防治根肿病、菌核病、霜霉病，兼顾蚜虫等其他病虫。北方和青藏高原油菜产区重点防治白锈病、霜霉病及黄曲条跳甲、油菜茎象甲、蚜虫等病虫。

（3）油菜蕾苔期。长江中下游及东南沿海油菜产区重点防治蚜虫，预防病毒病，兼治菌核病、霜霉病等，关口前移，压低花角期病虫发生基数。长江上游和云贵高原油菜产区重点防治蚜虫，预防病毒病，兼治霜霉病、菌核病等病虫，喷药防治蚜虫，防病毒病发生流行。北方和青藏高原油菜产区重点防治菌核病、白粉病、霜霉病、白锈病以及蚜虫、菜青虫等病虫。油菜菌核病可选用氟唑菌酰羟胺、菌核净、腐霉利、咪鲜胺、异菌脲、啶酰菌胺等进行防治。霜霉病、白锈病、蚜虫等其他病虫可选用代森锌、乙蒜素、金龟子绿僵菌CQMa421生物制剂或溴氰菊酯等药剂进行喷雾防治。

（4）油菜花期。长江中下游及东南沿海油菜产区重点防治菌核病，兼治白粉病等病害。菌核病重发区全面落实油菜开花始盛期（油菜主茎开花率达80%左右、一次分枝开花株率50%左右）的药剂预防，如遇连阴雨、花期持续时间长等适宜病害发生流行天气，盛花期（75%的油菜植株已开花）须进行第二次药剂预防。长江上游和云贵高原油菜产区重点防治菌核病，兼治白锈病等病害。针对菌核病常发区，在初花期开始一周内开展药剂防治，菌核重发田块在盛花期进行第二次防治；油菜花期未及时开展防治的区域可在谢花7～10天内进行施药防治。北方和青藏高原油菜产区重点防治菌核病、霜霉病、小菜蛾、蚜虫，并预防缺硼引起的花而不实。油菜初花期菌核病叶病株率10%或茎病株率1%时进行药剂预防，重发区域在盛花期进行第二次药剂预防。

（5）油菜角果期。 长江中下游及东南沿海油菜产区重点挑治蚜虫、白粉病。长江上游和云贵高原油菜产区重点挑治蚜虫、白锈病。北方和青藏高原油菜产区重点防治霜霉病、白粉病、菌核病、角野螟、小菜蛾、菜青虫、甜菜夜蛾、蚜虫。当田间有蚜枝率达到10％以上时，可用金龟子绿僵菌CQMa421、噻虫嗪、溴氰菊酯等喷雾防治；当田间白粉病发病株率达到20％，且天气条件适宜时，可喷施氟唑菌酰羟胺、丙唑·多菌灵等进行兼治。

3. 防控成效

2023年，各地植保部门坚持"预防为主、综合防治"的植保方针，采取"关口前移，治早治小"的防控策略，抓住关键时期，大力推进绿色防控和统防统治，带动群防群治，提高油菜病虫害防治效果和效率。据统计，全国油菜病虫害防治面积1.38亿亩次，经防治挽回损失132.4万吨。其中，油菜菌核病防治面积约0.55亿亩次，防治后挽回损失62.87万吨，占总挽回损失的47.5％；油菜霜霉病防治面积0.19亿亩次，防治后挽回损失15.6万吨，占总挽回损失的11.78％；蚜虫防治面积0.37亿亩次，防治后挽回损失33.31万吨，占总挽回损失的25.16％。

（七）花生病虫害

1. 技术进展

（1）在防控策略方面。 贯彻"预防为主，综合防治"的植保方针，优化田间生态系统，采取推广抗（耐）病虫品种、健康栽培、理化诱控、生物防治等技术措施，科学使用高效低风险农药，推进花生病虫害可持续治理，保障花生生产安全和质量安全。

（2）不同生育期技术措施。 播种期适时播种，合理密植。根据土传病害、地下害虫、刺吸性害虫的发生情况，合理选用杀虫、杀菌剂进行种子处理；苗期在病害、虫害发生早期针对性用药防治，针对地下害虫采用药剂喷淋灌根或颗粒剂拌沙土撒施；开花下针至饱果成熟期，利用杀虫灯、性诱剂、食诱剂诱杀鳞翅目、鞘翅目害虫成虫，在食叶害虫低龄幼虫期优先选用生物农药防治；对植株密、长势旺的花生田，开花下针期合理使用植物生长调节剂控旺。

（3）在绿色防控技术产品试验示范方面。 2023年利用中央财政资金，在河南省兰考县考城镇冯庄村建立2 000亩花生病虫害绿色综合防控核心示范区，辐射带动2万亩。在项目区采用农业防治、种子处理、理化诱控、生物防治等综合技术措施，提高防控效果，减少环境污染，有效控制花生重大病虫害，集成花生绿色防控技术规范。从防治效果看，示范区综合防效为 84.3%，较农户自防区提升 20.6 个百分点，示范区平均亩产 442 千克，较空白对照区增产 222 千克，增产一倍以上，亩纯收益 1 220 元，投入产出比为 1∶8.9。同时，通过集成技术示范推广，辐射带动周围 2 万亩花生地开展绿色防控，提高了农民对生物防治技术等的认识度和应用水平，提升了农民开展绿色防控的意识，为农业增产、农民增收作出了积极贡献。

2. 防控成效

我国花生常见的主要病害种类有根腐病、茎腐病、白绢病、冠腐病、果腐病、褐斑病、黑斑病、网斑病、锈病、青枯病、疮痂病、病毒病、根结线虫病等；虫害主要种类有地下害虫、棉铃虫、斜纹夜蛾、甜菜夜蛾、蚜虫、蓟马、叶螨等。2023 年，全国花生病虫草害发生面积 1.06 亿亩次，比上年减少 0.43 亿亩次，防治面积 1.32 亿亩次，挽回损失 161.3 万吨。

（八）棉花病虫害

1. 技术进展

（1）开展技术示范集成。全国农业技术推广服务中心在新疆等地组织开展多黏类芽孢杆菌等生物农药防治黄萎病等田间试验示范，不断完善田间应用技术开发和利用，同时利用棉花绿色防控示范区，进行模式集成熟化，其中甘肃敦煌、新疆生产建设兵团集成的棉花病虫害绿色防控技术模式，获评全国首批百套农作物病虫害绿色防控技术模式。

（2）开展技术联合攻关。依托"十四五"国家重点研发计划"新疆棉花病虫害演替规律与全程绿色防控技术体系集成示范"课题，联合中国农业科学院、石河子大学等单位，在沙湾地区建立千亩示范区，以棉花的棉蚜、棉叶螨、棉盲蝽、蓟马、棉铃虫、黄萎病、枯萎病、铃病等病虫害为重点，着力破解抗药性上升、防治技术单一、化学农药过度使用等难题，遴选北疆棉花病虫害绿色防控关键核心技术，集成示范多种防治技术协同使用，构建适宜全程机械化的北疆棉花病虫害绿色防控技术模式，提升棉花绿色防控水平和可持续治理水平。

2. 防控成效

2023 年，棉花病虫害中等偏轻发生，虫害明显重于病害，其中棉铃虫、棉蚜、棉叶螨、立枯病、猝倒病、炭疽病中等发生，棉盲蝽、烟粉虱、斜纹夜蛾、红叶茎枯病等在局部棉区发生。2023 年，棉蚜、棉叶螨、蓟马、棉铃虫、棉盲蝽、苗病（立枯病、猝倒病、炭疽病等）、铃病（疫病、炭疽病、红腐病等）、黄萎病在各棉区普遍发生，烟粉虱、斜纹夜蛾、地下害虫（地老虎、蝼蛄、蛴螬等）、枯萎病、红叶茎枯病、甜菜夜蛾等病虫害局部发生，全国棉花病虫害防治面积 9 323.59 万亩次，比上年减少 844.30 万亩次，挽回皮棉损失 118.85 万吨，取得了良好防治成效。

（九）蔬菜病虫害

1. 防治概况

2023 年，全国蔬菜播种面积 5.51 亿亩次，病虫害发生面积 4.41 亿亩次，防治面积 5.91 亿亩次，其中病害发生面积 1.51 亿亩次、防治面积 2.03 亿亩次，虫害发生面积 2.90 亿亩次、防治面积 3.88 亿亩次；全国病虫害挽回损失 3 953.27 万吨，实际损失 610.36 万吨，其中病害挽回损失 1 511.73 万吨，虫害挽回损失 2 441.54 万吨。

从总体看，病虫害发生接近常年，略偏重发生，虫害发生重于病害。根腐病、茎基腐病、根结线虫病等土传病害发生严重；粉虱类、蚜虫类、蓟马类等刺吸式口器害虫发生较重，并通过传播病毒导致蔬菜作物病毒病发生严重；大葱、大蒜、韭菜等百合科蔬菜根蛆类害虫发生普遍且危害较重；甜菜夜蛾、棉铃虫等鳞翅目害虫危害甘蓝、花椰菜、大白菜等十字花科露地蔬菜；番茄潜叶蛾在番茄、马铃薯、茄子、辣椒上发生蔓延，已在全国 19 个省（自治区、直辖市）发生。农业农村部经组织专家论证等程序，将蔬菜蓟马以及番茄潜叶蛾纳入一类农作物病虫害管理。

露地蔬菜发生的主要病害为瓜类霜霉病、白粉病、炭疽病、细菌性角斑病、枯萎病、根结线虫病；茄果类蔬菜灰霉病、叶霉病、疫病、炭疽病、病毒病、根结线虫病；十字花科蔬菜霜霉病、软腐病、黑腐病、菌核病、根肿病、病毒病等。主要害虫为蓟马、蚜虫、烟粉虱、红蜘蛛、菜青虫、小菜蛾、甜菜夜蛾、黄曲条跳甲、斜纹夜蛾、斑潜蝇、棉铃虫、蜗牛（或蛞蝓）、瓜实蝇、根蛆等。设施蔬菜发生的主要病害为番茄灰霉病、霜霉病、病毒病、根结线虫病、叶霉病、晚疫病、靶斑病、茎基腐病，黄瓜霜霉病、灰霉病、褐斑病、细菌性角斑病，辣椒灰霉病、软腐病、疫病、白粉病等；害虫为蓟马、粉虱（烟粉虱、白粉虱）、蚜虫、叶螨类、番茄潜叶蛾、潜叶蝇等。

2. 技术进展

提倡以健康栽培为基础，以生态调控、免疫诱抗、理化诱控、生物防治为主体，以化学药剂防治为辅助，开展蔬菜全程绿色防控，集成绿色防控技术模式。

（1）以虫（螨）治虫（螨）、以菌治病（虫）。针对豇豆蓟马，筛选出南方小花蝽、明小花蝽、微小花蝽等一批优势天敌昆虫，对豇豆蓟马防效可达60％以上；释放螟黄赤眼蜂防治番茄潜叶蛾，当田间每个性诱捕器每周监测到3头成虫及以上，或初见卵粒时，即可释放螟黄赤眼蜂，每亩释放1万头，连续释放2～3次；筛选出绿僵菌、枯草芽孢杆菌、球孢白僵菌、哈茨木霉菌等土壤处理生防制剂，对蓟马、根腐病等防效良好；采用苏云金杆菌、小菜蛾颗粒体病毒、白僵菌、短稳杆菌和多杀霉素防治小菜蛾、斑潜蝇，斜纹夜蛾核型多角体病毒和短稳杆菌防治斜纹夜蛾，苏云金杆菌、金龟子绿僵菌、甜菜夜蛾核型多角体病毒和苜蓿银纹夜蛾核型多角体病毒防治甜菜夜蛾，白僵菌防治粉虱等。

（2）理化诱控。采取防虫网、双色地膜阻隔蓟马、斑潜蝇等小型昆虫；利用性信息素、迷向剂防治豇豆荚螟、甜菜夜蛾、番茄潜叶蛾等鳞翅目害虫，可减少化学防治2～3次。

（3）科学用药。利用植物源农药苦参碱防治蚜虫、菜青虫和小菜蛾，苦皮藤素防治菜青虫、甜菜夜蛾和斜纹夜蛾，苏云金杆菌、印楝素防治菜青虫、小菜蛾和斜纹夜蛾，除虫菊素防治蚜虫；采用多粘类芽孢杆菌、春雷霉素、中生菌素防治细菌性病害，枯草芽孢杆菌、多抗霉素防治霜霉病、白粉病等，氨基寡糖素、宁南霉素等防治病毒病。

3. 防控成效

（1）推进绿色防控技术应用。各地持续推进蔬菜病虫害绿色防控，据统计，2023年全国蔬菜绿色防控面积12 140.73万亩，平均覆盖率达到53.88％，比上年提高2.96％。各类防控措施中，种子处理面积6 349.37万亩，土壤处理面积4 327.57万亩，生态调控面积6 646.00万亩次；生物防治面积25 407.94万亩次，其中天敌昆虫应用面积5 994.95万亩次，微生物农药应用面积8 582.73万亩次，农用抗生素应用面积4 032.41万亩次，植物源农药应用面积2 271.07万亩次，免疫诱抗剂应用面积686.76万亩次，昆虫性信息素应用面积1 221.72万亩次；物理防治面积8 116.60万亩次，其中诱虫板应用面积3 160.20万亩次，灯光诱杀应用面积1 988.77万亩次，防虫网应用面积1 177.89万亩次，植物生长调节剂应用面积3 004.81万亩次；化学防治面积40 436.24万亩次。

（2）推进豇豆农残攻坚治理。一是强化动员部署。种植业管理司会同相关单位在海南乐东举办豇豆病虫害绿色防控与安全用药现场培训会，组织观摩"防虫网＋"等绿色防控现场；在广西柳州召开豇豆病虫害绿色防控现场会，培训豇豆安全用药技术，动员安排豇豆亚热带种植区减药控残工作；在山东菏泽召开豇豆绿色防控与安全用药专题会议，总结豇豆减药控残技术示范阶段性成果，安排夏秋季豇豆绿色防控技术集成和安全用药指导工作。二是强化技术集成示范。印发《关于开展豇豆病虫害绿色防控技术模式集成与示范的通知》，在豇豆主产区建立 22 个示范区，开展豇豆病虫害绿色防控示范和技术模式集成工作。三是强化技术培训指导。冬春季以海南、广西等南方 5 省的热带种植区为重点，春夏季以山东、江西、浙江等的 12 个亚热带种植区为重点，开展防控技术试验示范，深入田间地头巡回指导防控。同时，组织各地层层开展豇豆病虫害绿色防控技术培训，线上线下累计举办各类培训班 1 500 余次，培训基层技术人员、豇豆种植户、农药经销商、农安监管员等 24 万余人次。四是强化包省包片督导。积极抓好豇豆农药残留突出问题攻坚治理包省包片工作，单位主要领导以及分管负责同志先后带队赴云南、广西、江西、福建、山东等地调研督导。

(3) 组织开展番茄潜叶蛾防控。9 月下旬，农业农村部种植业管理司组织有关单位和专家，赴山东调研指导番茄潜叶蛾发生情况和防控工作。10 月中旬，农业农村部种植业管理司在北京召开专家审定会，组织科研教学推广单位的专家对番茄潜叶蛾纳入《一类农作物病虫害名录》管理进行审定。11 月上旬，发布农业农村部公告，将番茄潜叶蛾增补纳入《一类农作物病虫害名录》管理。农业农村部将"番茄潜叶蛾绿色防控技术规程"列为 2023 年农业国家和行业标准制修订项目任务，组织科研、推广单位共同制定"番茄潜叶蛾绿色防控技术规程"标准，推进提高番茄潜叶蛾防控技术的科学性、规范性和有效性。

（十）苹果病虫害

1. 发生防治概况

2023 年，全国苹果种植面积 3 034.676 万亩，病虫害发生面积 10 037.91 万亩次，比上年减少 33.85％；防治面积 15 459.00 万亩次，挽回损失 656.03 万吨，实际损失 80.35 万吨。病害发生面积 5 380.9 万亩次，防治面积 8 227.35 万亩次，虫害发生面积 4 657.01 万亩次，防治面积 7 231.64 万亩次。从总体发生看，病虫害发生轻于 2022 年，病害略重于虫害。主要病害为苹果树腐烂病、轮纹病、褐斑病、斑点落叶病、白粉病、炭疽病、炭疽叶枯病、锈病、干腐病等；主要虫害为苹果黄蚜、苹果瘤蚜、叶螨、梨小食心虫、金纹细蛾、桃小食心虫、苹果小卷叶蛾、介壳虫、金龟子等。橘小实蝇、南亚实蝇发生区域和作物种类继续扩大，炭疽叶枯病在嘎啦、金冠等感病品种上发生严重，霉心病在元帅、富士等感病品种及套袋果上发生比较严重。

各地采取措施持续推进绿色防控，生态调控面积 859.47 万亩次；生物防治面积 2 835.77万亩次，其中微生物农药应用面积 1 148.33 万亩次，农用抗生素应用面积 551.77 万亩次，植物源农药应用面积 328.74 万亩次，植物生长调节剂应用面积 331.85 万亩次；物理防控面积 32 546.71 万亩次，其中杀虫灯应用面积 458.20 万亩次，诱虫板应用面积 30 379.65 万亩次，性诱剂应用面积 1 309.64 万亩次；化学防治面积 12 508.83万亩次。

2. 技术进展

（1）健康栽培。增施有机肥和生物菌肥，减氮稳磷补钾，适量补充中微量元素。秋季施足基肥，以有机肥为主，施肥量占全年的 60%～70%。疏花疏果，合理负载。

（2）生态调控。果树行间种植三叶草、毛苕子、紫花苜蓿等豆科或鼠茅草、早熟禾等禾本科草本植物；或行间蓄留狗尾草、牛筋草、蒲公英等浅根性自然杂草；果园四周种植油菜、黑豆等作物，或金盏菊等其他蜜源植物。

（3）蜜蜂授粉。集中连片种植区域，可采用蜜蜂授粉技术。苹果开花 5%～10% 时蜜蜂入场，按每 2 亩 1 箱。授粉期间，蜂场 3 千米范围内禁止施药。落花后蜂群离场。

（4）免疫诱抗。苹果树开花前、落花后、幼果期和果实膨大期，选用几丁质素、氨基寡糖素、寡糖·链蛋白等免疫诱抗剂，叶面喷施 3～4 次。

（5）理化诱控。悬挂金纹细蛾、苹小卷叶蛾、桃小食心虫等性诱剂诱杀害虫。每亩 5～8 个，悬挂于树冠外中部，距地面高度约 1.5 米，相邻诱捕器间隔 15～20 米；害虫下树越冬前，在果树第一分枝下 10～20 厘米处树干绑扎诱虫带，或固定在其他大枝基部 5～10 厘米处，诱集害虫在其中越冬。来年早春害虫出蛰前解除诱虫带集中处理；果树开花前，安装杀虫灯，于成虫发生期（一般是开花期和果实膨大初期），每天傍晚开灯诱杀。

（6）释放天敌。一般 6 月初越冬代叶螨雌成螨还处于在树冠内部集中的阶段，在平均单叶害螨（包括卵）量小于 2 只时释放，人工释放捕食螨或赤眼蜂等天敌控制害螨、卷叶蛾等害虫。

（7）科学用药。 优先选用生物药剂，对症选用对蜜蜂低毒、残效期较短的治疗性杀菌剂和触杀性、渗透性强的杀虫剂各一种，最后加入免疫诱抗剂，混合后喷雾叶面。蜜蜂授粉果园禁止使用对蜜蜂杀伤力强的氟硅唑、阿维菌素、甲氨基阿维菌素苯甲酸盐、氯氟氰菊酯、甲氰菊酯，以及新烟碱类如吡虫啉、噻虫嗪等药剂。

（十一）柑橘病虫害

1. 防治概况

2023年全国柑橘种植面积5 606.36万亩，病虫害发生面积1.79亿亩次，防治面积2.61亿亩次，挽回损失739.30万吨，实际损失94.55万吨。病害发生面积4 097.10万亩次，防治面积6 865.81万亩次，虫害发生面积13 838.06万亩次，防治面积19 232.76万亩次。从总体发生看，虫害重于病害，主要病害为柑橘炭疽病、疮痂病、溃疡病、树脂病（砂皮病）、煤烟病等，主要害虫为蚜虫、柑橘叶螨、柑橘锈螨、柑橘木虱、柑橘潜叶蛾、介壳虫、橘小实蝇、柑橘大实蝇、柑橘花蕾蛆、吸果夜蛾、天牛等。

各地加强绿色防控技术集成与示范，应用规模不断扩大。在各项绿色防控措施中，生态调控面积1 995.02万亩次；生物防治面积7 010.15万亩次，其中人工释放天敌面积99.42万亩次，微生物制剂应用面积2 471.80万亩次，农用抗生素应用面积2 035.94万亩次，植物源农药应用面积741.90万亩次，诱抗剂应用面积182.87万亩次，植物生长调节剂应用面积1 195.53万亩次；物理防控面积3 450.59万亩次，其中杀虫灯应用面积1 215.50万亩次，诱虫板应用面积875.64万亩次，性诱剂应用面积423.69万亩次，食诱剂应用面积559.09万亩次；化学防治面积16 730.07万亩次。

2. 技术进展

（1）生态调控。 生草栽培创造良好的生态环境。保持橘园杂草高度在10～20厘米，为天敌提供良好的生存空间与繁衍栖息地，保持橘园生态平衡和生物群落多样性，提高橘园自然生态调控能力。生草栽培又分为全园生草、行间生草和株间生草，在土层厚、土壤肥沃的成年果园，宜全园生草；土壤瘠薄或幼树果园，宜行间生草；高度密植园不宜生草。根据杂草生长情况及时采用机械割草控制草势，不使用除草剂。

（2）理化诱控。 一是诱剂诱杀。柑橘潜叶蛾主害代成虫羽化始期，每亩放置4～6套性信息素诱捕器。诱捕器悬挂于柑橘树阴面通风处的树干上，悬挂高度要高于树冠的

1/2。二是食诱剂诱杀。在柑橘大实蝇羽化始盛期、成虫回园始期，一般在 5 月中下旬至 7 月下旬期间诱杀成虫。对于上年虫果率 3‰ 以下的果园，可采用糖醋药液等食物诱剂挂瓶（诱捕器）诱杀成虫，每亩悬挂 8～10 个，每 7 天换 1 次诱剂，可在诱捕器外壁喷黏胶，提高诱杀效果。对于上年虫果率 3‰ 以上的果园，使用蛋白诱剂点喷，每亩喷 10 个点，每点 0.5 平方米，或用糖醋药液每亩喷 1/3 柑橘树，每株喷 1/3 树冠，每隔 7 天喷 1 次，蜜橘类一般要喷 3～5 次，椪柑类和橙类一般喷 4～6 次。三是球型诱捕器诱杀。从成虫羽化始盛期（5 月中下旬）开始使用，每亩挂 10～20 个诱蝇球，在果园背阴通风、离地 1.2～1.5 米高树冠处悬挂，每个诱蝇球间距 10 米左右，可选用可降解的诱蝇球，对于使用过的诱蝇球及时回收并再利用。

（3）"以螨治螨"生物防治。 主要在春、秋两季释放胡瓜钝绥螨、巴氏钝绥螨等捕食螨防治柑橘红、黄蜘蛛。在释放捕食螨前 10 天左右，选用高效低毒农药或生物农药清园 1 次，降低害螨数量，当每叶害螨平均低于 2 只即可释放益螨，每株挂放 1 袋捕食螨于避光的中上部分枝处。挂放捕食螨后避免使用化学杀虫杀螨剂。

（4）科学用药。 优先选用阿维菌素、印楝素、苦参碱、甲氨基阿维菌素苯甲酸盐等生物农药；及时科学发布病虫情报，强调早春及时用药防治柑橘红蜘蛛压低基数；抓住关键期用药预防柑橘砂皮病、溃疡病等病害，根据橘园发生实况强调挑治其他病害，减少普遍用药、盲目用药；重点推广春雷霉素、中生菌素、矿物油、石硫合剂等生物农药、矿物源农药以及环境友好型农药。严禁超范围、超剂量、超频次用药，严禁使用禁限用农药，严格遵守安全间隔期。

（十二）蝗虫防治

1. 防控行动

各地按照《2023 年"虫口夺粮"保丰收行动方案》，不断强化"政府主导、属地责任、联防联控"的工作机制，围绕"飞蝗不起飞成灾、土蝗不扩散危害、迁入蝗虫不二次起飞"的总体目标，加强蝗情动态监测，全面排查蝗灾隐患，特别是围绕中哈、中尼、中印等边境地区，突出科学防控，做到早发现、早预警、早防治，优先采用生态调控、生物防治等绿色防控技术，在高密度发生区及时开展化学应急防治，推动 2023 年蝗虫灾害的可持续治理。

（1）加强治蝗组织领导。 2 月，全国农业技术推广服务中心组织专家制定印发了

《2023年农区蝗虫防控技术方案》，提出了防治目标、防治策略、重点区域、技术措施等，各地结合当地蝗虫发生实际，制定了本地的实施方案和应急防控方案。4月，在线召开2023年度全国蝗虫发生趋势会商会，分析研判了全年蝗虫发生趋势，重点交流了各主要蝗区的蝗虫发生动态，安排部署了全年蝗虫的监测防控指导工作。

（2）组织蝗情监测调度。 从5月初开始，各蝗区认真组织蝗情排查，开展拉网式普查，西藏、新疆等边境地区加强边境蝗情监测，准确掌握蝗虫出土时间和发育进度以及边境蝗虫迁飞动态。6月开始，启动蝗情两周一报制度，组织各蝗区定时填报蝗虫发生密度、发育龄期、发生区域、防治进展等信息，第一时间掌握各地蝗情动态和防控情况。

（3）开展技术指导服务。 积极开发应用绿色治蝗技术，在山东、新疆、内蒙古、河南开展米曲霉防治蝗虫试验，不断完善生物农药防治蝗虫成虫技术体系。6月，在天津组织开展北方蝗区蝗虫监测与防控调查交流活动，来自北京、河北、山西、内蒙古、吉林等北方蝗区的蝗虫测防负责人参加活动，现场观摩了东亚飞蝗应急防治演练，总结交流了北方各省治蝗经验以及技术进展。在飞蝗发生防控关键时节，分别下沉新疆、西藏、安徽等蝗区一线，开展防控调研和技术指导，督促各地用好用足中央农业生产救灾资金，夯实技术指导和培训服务，不断提高蝗灾的可持续治理水平。

2. 防控成效

各级植保部门切实贯彻"改治并举"治蝗工作方针，积极开展蝗情排查，组织防蝗应急演练，扎实推进蝗虫联防联控、群防群控，确保蝗虫"早发现、早预警、早处置"，保障全年粮食生产安全。据统计，全国飞蝗防治面积650.59万亩次，比上年减少49.93万亩次，北方农牧交错区土蝗防治面积454.45亩次，比上年减少52.40万亩次。为确保农业生产安全、生态安全和边境地区的稳定发展作出了重要贡献。

（十三）农田草害防治

1. 防控成效

2023年，针对农田草害，特别是水稻、小麦、玉米、大豆等粮食作物田抗药性草害危害加重趋势，以作物增产增收和除草剂减量控害为目标，按照"综合防控、治早治小、减量增效"的原则，突出主要作物、恶性杂草、重点区域，坚持分类指导、分区施策，采取以农业措施为基础，化学措施为重要手段，辅以物理、生态等防治措施的综合治理策略，农田杂草防控效果显著，处置率达到90％以上，防治效果90％以上，杂草危害损失控制在5％以下。据统计数据，2023年我国杂草防治面积12 036.78万公顷次，比2021年增加212.68万公顷次，增幅1.8％，挽回粮食损失4 806.55万吨。

2. 制定防控方案

针对近年来我国农区杂草发生面积呈扩大趋势，叠加杂草发生种类演替和群落结构变化、对常规除草剂抗性逐渐增强等因素，危害程度逐年加重。为推动农田杂草科学防控，促进除草剂减量、安全使用，组织科研、教学、推广等行业专家，围绕水稻、小麦、玉米、大豆、马铃薯、油菜、花生、棉花等大宗农作物，提出了2023年农田杂草监测与防控基本思路和工作要点，制定印发了《2023年粮食作物田杂草科学防控技术方案》《2023年油料作物和棉花田杂草科学防控技术方案》，指导全国各地开展农田杂草监测调查与科学防控。

3. 主要防控措施

（1）组织试验示范。 为加快大豆玉米带状复合种植技术快速推广，解决杂草防治难题，在河北、河南、江苏、山东、安徽、内蒙古、四川共7省（自治区）7地开展了大豆玉米带状复合种植除草剂筛选试验示范，大规模示范旋耕灭茬＋土壤封闭技术模式，筛选除草剂品种15个，其中重点摸索砜吡草唑、嗪草酮、丙炔氟草胺、溴噁草松等新型土壤封闭除草剂使用技术。试验结果表明，精异丙甲草铵＋唑嘧磺草胺、砜吡草唑＋嗪草酮2个组合配方较好，试验除草效果在82％～95％，特别是对禾本科杂草马唐、狗尾草等效果较好。各省植保系统加大土壤封闭处理技术在复合种植中的推广应用，如河北、河南、山东土壤封闭处理面积从2022年的不足20％增加到2023年的70％，江苏省达95％以上。

在东北稻区、长江中下游稻区开展47种稻田除草剂联合试验，其中封闭类除草剂10种，封杀型除草剂12种，茎叶处理除草剂25种，对不同品种的区域适应性及防治效果进行了验证，掌握了不同类型除草剂使用特点。通过联合试验示范，针对以种子滋生的杂草，根据其幼芽期和幼苗期对除草剂较为敏感的特点，筛选出了丙草胺、丙炔噁草酮、氯氟吡啶酯、苄嘧磺隆、苯噻酰草胺等除草剂进行组合配方，用于东北机插秧田杂草防除；丙草胺、苄嘧磺隆、氰氟草酯、噁唑酰草胺、氯氟吡啶酯等除草剂进行组合配方，用于长江中下游稻区水直播稻田杂草防除；噁草酮、吡嘧磺隆、噁唑酰草胺、氰氟草酯等除草剂进行组合配方，用于长江中下游稻区旱直播稻田杂草防除；丙草胺、苄嘧磺隆、吡嘧磺隆、氰氟草酯、氯氟吡啶酯、噁唑酰草胺等除草剂进行组合配方，用于长江中下游稻区机插秧稻田杂草防除，除草效果达到90％以上。

（2）集成技术模式。在湖南益阳建立稻田杂草综合防控技术集成示范区，重点展示了湖南省农业科学院柏连阳院士团队研发的黄腐酸＋淹水胁迫的稻田杂草绿色防治技术，以及诱导出草＋深旋浅平＋封闭除草＋寸水管理稻田抗性杂草治理技术模式，生态调控、物理防控、农业措施与科学使用除草剂相结合的农田杂草绿色治理集成术得到大面积推广应用，稻田杂草防除效果达到90％以上。

（十四）农区鼠害防治

为有效防控农区鼠害，全国农业技术推广服务中心年初发布了《2023年农区鼠害发生趋势预测预报》，制定印发了《关于做好2023年农区灭鼠工作的通知》和《2023年全国农区鼠害防控技术方案》，指导全国各地开展农区鼠害监测调查与科学防控。

1. 试验示范

为延缓农区鼠害抗药性产生，提供杀鼠剂药剂储备，全国农业技术推广服务中心在黑龙江、山东、河南、湖南、云南等地组织开展化学杀鼠剂0.005％氟鼠灵田间药效试验。试验结果显示该药剂对褐家鼠具有较好的适口性和防控效果，为一类农作物病虫害褐家鼠有效防控储备可选药剂。

2. 培训指导

全年开展鼠害防治技术指导和技术培训10场次，发放宣传册等2万余份。组织多名鼠害防治专业科技人员深入乡村、地头，发放宣传画、明白纸等1万多份，宣传普及鼠害科学防治技术。12月中旬，全国农业技术推广服务中心组织科研、教学、推广等行业专家，在山东青岛举办第二十期全国农区鼠害监测与防控技术培训班，交流鼠害防控经验，会商下一年农区鼠害趋势，研究明确了下年度农区鼠害防控基本思路和工作重点。

3. 防控成效

2023年，各地强化属地责任，扎实开展鼠害治理工作，以"护产业、保生态、健康宜居"为防控目标，以控制农林、农牧交错地带以及湖区、库区和沿江（河）流域鼠密度为重点，全面控制农区鼠害发生，降低鼠传疾病在农村地区流行，取得了显著成效。据统计，2023年全国农区鼠害防治面积1 370.0万公顷；防治农户0.7亿户。其中农田统一灭鼠约 164 万公顷，毒饵站灭鼠约 191 万公顷，组织农户统一灭鼠 1 671 万户，累计挽回粮食损失约 480 万吨。

二、防控行动举措

2023 年，农作物重大病虫害防治工作以"虫口夺粮"促丰收为宗旨，组织开展了病虫害防控"百千万"技术指导行动，以提高防控技术到位率为抓手，全力做好重大病虫害防控技术指导，有效提高了防治技术到位率和植保贡献率，充分发挥了植保防灾减灾作用，为促进全年粮食生产再上新台阶、全面推动农业绿色发展提供了强有力支撑。

（一）制定重大病虫防控技术方案

按照农业农村部印发《2023 年"虫口夺粮"保丰收行动方案》，紧扣农时和生产实际需要，分时段、分作物及时制定印发粮食、油料及经济作物重大病虫害防控技术方案、指导意见等 40 个，数量比上一年增加 30%。紧盯生产需求，主动入位、跟踪指导，及时组织制定新发和加重病虫害的防治技术方案意见，提供技术服务。尤其是针对小麦茎基腐、番茄潜叶蛾等重点关注的病虫害，提前制定方案、布置工作。"分灾情、分时段、分作物"因地制宜制定技术意见，分别在 7 月台风洪涝等灾害高发期、8 月秋粮病虫害发生危害高峰期、10 月小麦秋冬种病虫害防控关键期，紧跟天气和病虫情变化，适时制定重大病虫害防控技术指导意见，及时向社会发布防治服务信息，引领病虫害防控技术面向基层一线走深走实。

（二）组织召开重大病虫害防控技术现场会

农业农村部种植业管理司会同全国农业技术推广服务中心先后 8 次组织召开小麦条锈病防控现场会、小麦穗期重大病虫害防控现场会、小麦秋播药剂拌种防控现场会、水稻病虫害统防统治与绿色防控推进会、夏蝗发生趋势会商与防治技术研讨视频会、油料作物病虫害防控技术研讨会，推进防控工作有序有力开展。组织召开全国农作物病虫害防控总结会，并举办第二届绿色防控高层论坛，研讨重大病虫害绿色防控工作思路和推进措施建议，不断强化病虫害防控意识，为全年粮食丰收保驾护航。

（三）开展重大病虫害防控技术指导培训

全国农业技术推广服务中心立足技术优势，举办全国大豆病虫害防控技术培训班、农作物病虫害绿色防控技术培训班、生物食诱剂防治农作物害虫应用技术培训班、小麦病虫害防治新药剂应用技术培训班，培训全国重点植保技术人员 225 人次，促进了绿色防控技术推广应用。发挥全国农业技术推广服务中心组织能力，在关键时节先后 40 余次赴粮食大省的生产一线，开展重大病虫害防控督导指导。

（四）组织全国植保体系开展病虫防控技术指导"百千万"行动

全国农业技术推广服务中心认真贯彻农业农村部"两稳两扩两提"工作部署及《2023 年"虫口夺粮"保丰收行动方案》要求，2023 年在全国组织开展了农作物重大病虫害防控"百千万"技术指导行动，即组织部级、省级、地县级植保技术人员 100 人次、1 000 人次和 10 000 人次在农作物病虫害发生防治关键时期开展病虫害防控专项技术指导。全国各级植保机构技术人员积极响应，上下联动协作配合，以小麦、水稻、玉米、大豆、油菜等主要粮油作物及果菜茶等经济园艺作物为重点作物，以小麦条锈病、小麦赤霉病、水稻"两迁"害虫、稻瘟病、草地贪夜蛾、黏虫、草地螟、油菜菌核病、大豆根腐病、大豆食心虫、蚜虫等重大病虫害发生防控关键时期为重点指导工作时机，以种植大户、家庭农场、合作社、农药经营者、专业服务组织等为重点服务对象，以绿色防控示范推广基地、绿色高质高效示范区、"三品一标"基地等为重点指导区域，全力加强病虫害防治技术指导服务，较好地遏制了草地贪夜蛾、小麦条锈病、水稻"两迁"害虫等重大病虫重发危害，为实现"虫口夺粮"保丰收目标作出了积极贡献。据统计，全年各级植保机构派出 7.38 万个指导组 125.66 万人次，组织观摩培训 5.57 万场次，指导农户、种植大户以及新型经营组织 265.6 万人次，有效扩大了防控技术覆盖面，切实提高了防控技术到位率，较好遏制了重大病虫重发危害，推动实现了"虫口夺粮"保丰收。

（五）推进防控业务网络信息化管理

一是植保体系信息系统维护升级。按照《生物安全法》《农作物病虫害防治条例》

和《关于加强基层动植物防疫体系建设的意见》等法规和文件要求，全国农业技术推广服务中心配合种植业管理司持续推进基层植保体系建设，对全国植保体系信息化管理平台进行维护和升级，开发了全国植保体系管理系统考核功能，并组织举办全国植保体系信息化管理平台填报视频培训班，指导各级植保体系开展填报工作，对全国植保体系实施全员登记造册管理，切实将"责有人负、事有人管、活有人干"的要求落到实处。

二是开发了农作物重大病虫害"百千万"技术指导行动统计信息系统。为便于"百千万"技术指导行动信息月调度，全国农业技术推广服务中心组织开发了"百千万"技术指导行动统计信息系统，省级、市县级等各级植保机构通过系统分别报送小麦、水稻、玉米、大豆、油菜及果菜茶重大病虫害指导的指导组个数、指导人次、组织防治技术观摩与农民田间学校场次、培训农工人次等具体信息。

三是构建了绿色防控"双百创建"信息系统。将已有全国农作物病虫害绿色防控整建制推进县信息录入系统数据库，新开发全国农作物病虫害绿色防控示范推广基地填报和评审系统。

四是绿色防控覆盖率信息系统维护升级。在现有绿色防控覆盖率信息系统基础上，增加了分作物统计绿色防控覆盖率、催报信息查询、填报进度统计等功能，不断完善绿色防控覆盖率信息系统。

三、绿色防控进展

实施绿色防控措施是实现农药减量增效、保障农产品质量安全、推进农业绿色高质量发展的有效措施。全国各级植保机构贯彻落实农业绿色发展要求，牢固树立"公共植保、绿色植保"理念，积极转变病虫防控方式，大力研发推广农业防治、生态调控、生物防治、理化诱控、科学用药等绿色防控措施，集成推广一批以生态区域为单元，以作物生长全程为主线，可复制、可推广、经济实用的绿色防控技术模式，不断提高绿色防控覆盖率，促进农药减量增效和农产品质量安全。

（一）绿色防控"双百创建"

2023年，全国农业技术推广服务中心在全国组织遴选建立农作物病虫害绿色防控技术示范区100个，遴选发布农作物病虫害绿色防控技术模式100套，也就是农作物病虫害绿色防控"双百遴选"工作。各地按照要求，加强对示范区绿色防控指导，认真组织绿色防控技术集成模式筛选，撰写相关材料，积极参与申报。经省级植保机构审核推荐、中心组织专家评定，遴选建立全国农作物病虫害绿色防控示范区 100 个，发布推广绿色防控技术模式 100 套，并在第三十七届全国植保"双交会"第二届绿色防控高层论坛上举办了授牌仪式。通过开展绿色防控"双百遴选"推广活动，进一步扩大了绿色防控技术社会影响力，为促进绿色防控技术应用营造了良好的社会氛围。

（二）开展绿色防控试验示范

着眼于粮油作物大面积提单产核心目标，重点围绕大豆玉米带状复合种植、豇豆农药残留突出问题攻坚治理等关键任务，加强试验示范，集成推广了"全覆盖防虫网＋生物防治＋理化诱控""设施栽培＋土壤微生态调控＋天敌昆虫＋生物农药＋引诱剂"等多套绿色防控技术模式。全国农业技术推广服务中心在全国建立水稻、小麦、玉米、马铃薯和果菜茶病虫害绿色防控示范区 42 个，带动全国各地建立绿色防控示范区 3.4 万多个，示范面积 6.7 亿亩，逐步构建了新时期"政府推动、技术驱动、企业助动、大户带动"的绿色防控发展格局。针对小麦赤霉病、水稻螟虫、豇豆蓟马等农作物病虫害防治难、危害重的问题，组织安徽、江苏、海南等省植保体系开展新技术、新药剂试验示范 28 项 85 点次，推动绿色防控技术简便化、实用化、高效化。

（三）加强绿色防控技术培训

6 月在浙江宁波举办农作物病虫害绿色防控技术培训班；8 月在黑龙江牡丹江举办全国大豆病虫害防控技术培训班，在上海举办生物食诱剂防治农作物害虫应用技术培训班；11 月，在贵阳举办小麦病虫害防治新药剂应用技术培训班，培训全国重点植保技术人员 225 人次。通过学习小麦、水稻等重大病虫害防治的新药剂、新技术，了解各地农作物病虫害防控好经验、好做法，对进一步做好重大病虫害防控，提高病虫害防控技术指导能力意义重大。

（四）绿色防控成效

近年来，全国植保体系上下牢固树立"公共植保、绿色植保"理念，大力研发推广农业防治、生态调控、生物防治、理化诱控、科学用药等绿色防控措施，全面推进农作物病虫害绿色防控工作。在绿色防控关键技术方面，研发推广了一批生态调控、理化诱控、生物防治、科学用药技术，支撑了绿色防控发展需求；在技术集成方面，集成推广以生态区域为单元、作物生长全程为主线，可复制、可推广、经济实用的绿色防控技术模式200多套，促进了绿色防控落实落地；在工作推动方面，先后开展绿色防控示范创建，绿色防控"双百创建""双百遴选"活动，累计在全国建设绿色防控整建制推进县320个，绿色防控示范推广基地200个。2023年全国绿色防控覆盖率达到54.1%，是十年前的3.86倍，绿色防控技术研发和推广应用得到大力发展。

四、防控成效评价

（一）方法体系构建

2023年，根据农业农村部种植业管理司安排部署，全国农业技术推广服务中心在总结2022年开展农作物病虫害防控成效评价工作研究试验的基础上，进一步组织专家开展研讨，修订完善了农作物病虫害防控成效评价试验办法，正式制定印发了《农作物病虫害防控植保贡献率评价办法》，以植保贡献率作为农作物病虫害防控成效的主要指标。该文件在系统总结多年来我国农作物病虫害防治挽回损失、实际造成损失结果的基础上，针对存在问题，开展系统试验试用和组织专家研讨，明确规定了农作物病虫害防控成效植保贡献率的定义，明确了试验处理安排的具体要求，以及危害损失率测算、植保贡献率测算方法，提出了开展评价工作的要求，并制定了开展试验的通用记载表格，初步构建了一套相对完善的农作物病虫害防控成效和植保贡献率评价体系，促进了农作物防控成效评价工作的开展。

（二）工作开展情况

为做好小麦、水稻、玉米等粮食作物和蔬菜、果树等园艺经济作物重大病虫害防控成效和植保贡献率系统评价，全国农业技术推广服务中心在年初印发《农作物病虫害防控植保贡献率评价办法》的基础上，进一步印发《关于开展2023年度农作物病虫害防控植保贡献率评价工作的通知》，分解评价试验工作计划，组织北京、河北、山西、辽宁、吉林、黑龙江、江苏、安徽、福建、山东、河南、湖南、江西、广东、广西、四川、云南、陕西、新疆共 19 省（自治区、直辖市）植保体系开展了小麦、水稻、玉米三大粮食作物和蔬菜、水果病虫草害防控植保贡献率评价试验。为更加客观反映小麦病虫草害的危害损失和防控成效，提前于 2022 年秋播前部署安排了小麦病虫草害防控植保贡献率评价试验工作，明确试验任务和方法，保证了评价试验工作的顺利开展。2023年度评价试验工作的主要特点是首次将杂草的危害损失纳入评价试验内容，从而使评价试验的内容更加全面，更进一步全面反映了农作物病虫草害的整体危害损失和防控贡献率情况。

（三）评价结果分析

依据全国 14 省（自治区、直辖市）120 个县（市、区）植保机构系统组织开展评价试验取得的小麦、水稻、玉米病虫害防控植保贡献率评价结果和三大作物种植面积，加权平均计算，2023 年全国三大粮食作物病虫害防控总的植保贡献率为 30.59%。据此测算，全国共挽回三大粮食作物 1.93 亿吨，其中，小麦、水稻、玉米分别为 3 767.15万吨、8 383.95 万吨、7 411.69 万吨（表 3-1）。

2023 年度全国小麦病虫害防控植保贡献率为 27.58%，小麦病虫害在严格防控情况和统防统治条件下，挽回损失率分别比农户自防高 10.03 和 5.84 个百分点。水稻病虫草害防控植保贡献率为 40.58%，在完全不防治病虫草害的情况下，造成的损失一般超过 40%；水稻病虫害在严格防控情况和统防统治条件下，植保贡献率分别比农户自防高 9.85 和 5.74 个百分点。玉米病虫草害防控植保贡献率为 25.66%，在严格防控情况和统防统治条件下，植保贡献率分别比农户自防高 11.96 和 6.18 个百分点。

表 3-1　2023 年全国三大粮食作物病虫害防控植保贡献率评价试验结果

作物名称	植保贡献率/%	产量/万吨	挽回产量/万吨	播种面积/万公顷	播种面积占比/%	平均植保贡献率/%
小麦	27.58	13 659.00	3 767.15	2 362.72	24.41	30.59
水稻	40.58	20 660.30	8 383.95	2 894.91	29.91	
玉米	25.66	28 884.20	7 411.69	4 421.89	45.69	
平均/合计	31.27	63 203.50	19 334.50	69 679.52	100.00	

三大粮食作物产量及播种面积数据来源于国家统计局官网。

总体上看，2023 年度植保贡献率数据更全面。2023 年，设置了完全不防治病虫害和完全不防治病虫草害 2 个处理，尤其是在试验设计环节，要求各地从播种前的种子处理阶段开始，贯穿作物整个生育期的全程病虫草害防控，相比 2022 年，试验方案进一步完善，植保贡献率数据更加全面客观。另外，各地草害危害程度不一。从作物来看，通过对比完全不防治病虫害和完全不防治病虫草害 2 个处理，可以看出，杂草对水稻的危害最重，其次是玉米和小麦。尤其是安徽，稻田杂草危害损失率高达 44.19%，而小麦和玉米田的杂草危害损失率分别为 10.61% 和 7.39%。

第四章

植物检疫与有害生物风险分析

2023 年，全国农业技术推广服务中心紧紧围绕种子健康、种业振兴和生物安全新要求开拓创新，积极推进有害生物风险分析制度体系建设。根据国外引进种苗种类、来源国和进口数量的变化情况，继续把首次引进和高风险种子种苗作为风险评估的重点，对其携带的有害生物进行风险分析；加强对国内外植物疫情发生情况的了解和研判，提升农业有害生物风险预警能力，为国（境）外引种检疫和检疫性有害生物管控提供技术支撑。

一、有害生物风险分析

（一）开展境外首次引进种子和高风险种苗风险评估

2023 年针对从塞尔维亚引进的大豆、向日葵、小麦种子开展了风险分析，组织专家对其可能携带的 100 余种有害生物进行了风险评估，从有害生物随种苗传入、扩散蔓延及造成危害损失等风险开展系统研判，将番茄环斑病毒、黄萎轮枝孢等有害生物列入检疫审批要求，提出了检疫风险管控措施。

1. 从塞尔维亚引进大豆种子风险评估

大豆起源于中国，现广泛分布于世界各地，种植面积较大的国家主要有巴西、美国、阿根廷、印度、中国等。经查询 EPPO（欧洲和地中海植物保护组织）、CABI（国际应用生物科学中心）、中国国家有害生物检疫信息平台等数据库，塞尔维亚生产的大豆上发生危害的有害生物共计 19 种，其中番茄斑萎病毒、大豆茎褐腐病菌、假高粱等10 种有害生物随种子携带进入、定殖、扩散的可能性高，随种子传入我国的风险大，对大豆生产安全构成严重威胁。建议加强对从塞尔维亚引进大豆种子风险管控，将番茄环斑病毒、番茄斑萎病毒、菜豆拟茎点霉、大豆茎褐腐病菌、苜蓿黄萎病菌、大丽花轮枝孢、鳞球茎茎线虫、玉米根萤叶甲、豚草、假高粱共10种有害生物列入从塞尔维亚引进大豆种子检疫审批要求，加强口岸检疫检测和隔离试种检疫，做好田间疫情监测，防控检疫性有害生物传入危害。

2. 从塞尔维亚引进向日葵种子风险评估

向日葵是一种重要的特色经济作物，原产于北美洲，在我国种植历史悠久、种植区域广泛。通过查询国门生物安全基础数据信息资源平台、CNKI（中国知网）、CABI、SCI（美国科学引文索引）等数据库，以及引种单位提供的塞尔维亚当地向日葵生产过程中的重要病虫害信息，进口塞尔维亚向日葵可能携带重要有害生物共计25种。按照FAO（联合国粮食及农业组织）有害生物风险分析准则，从进入、定殖、扩散可能性和危害损失等4个方面对塞尔维亚向日葵种子上可能携带的有害生物开展风险分析和研判，评估认为向日葵黑茎病菌、向日葵茎溃疡病菌和小列当等10种有害生物风险高，对我国向日葵的生产安全构成严重威胁。建议将向日葵茎溃疡病菌、菜豆拟茎点霉、菊花疫病菌、大丽花轮枝孢、番茄斑萎病毒、豚草、小列当、鳞球茎茎线虫、向日葵黑茎病菌和向日葵白锈病菌共10种有害生物列入从塞尔维亚引进向日葵种子的检疫审批要求。同时密切关注玉米根萤叶甲随种子传入的可能性。要求出口商用专门的设备除去混在种子中的土块、病残体、杂草籽等，供应健康干净的种子。加强口岸检疫部门抽样检测检查，如发现检疫性有害生物，中方将采取除害处理、退货或销毁等检疫措施。加强从塞尔维亚引进向日葵种子种植后的疫情监测，发现疫情后，本着谁引进种植谁负责的原则，引种企业按照检疫部门的要求采取紧急根除措施，防止疫情扩散蔓延。

3. 从塞尔维亚引进小麦种子风险评估

小麦起源于亚洲西部，逐渐传至世界各地，从盆地到高原，均有小麦种植。小麦分布面积较大的国家主要有印度、俄罗斯、中国、美国、哈萨克斯坦、澳大利亚、加拿大、巴基斯坦和土耳其等国家。经查询EPPO、CABI、中国国家有害生物检疫信息平台等数据库，危害小麦的重要有害生物有22种，其中小麦基腐病菌、小麦矮腥黑穗病菌、小麦条纹叶枯病菌、小麦链格孢、小麦印度腥黑穗病菌和小麦线条花叶病毒共6种有害生物被列入《中华人民共和国进境植物检疫性有害生物名录》。经风险分析和研判，小麦基腐病菌和小麦矮腥黑穗病菌 2 种有害生物具有较高的风险性；小麦线条花叶病毒具有中等风险；小麦光腥黑粉菌、小麦黄叶病毒、小麦粒线虫等 19 种有害生物为低风险。

小麦作为主粮作物之一，种子安全对确保我国粮食安全至关重要，在引进小麦种子检疫审批中，应遵循审慎和风险最小的原则，从严审批引进塞尔维亚小麦种子，且塞尔维亚部分地区是小麦矮腥黑穗病菌（TCK）的疫区，因此，禁止从塞尔维亚的 TCK 疫区引进小麦种子。

（二）开展潜在的检疫性有害生物风险分析

2023 年全国农业技术推广服务中心收集整理国内外植物疫情发生信息，组织中国农业大学有关专家开展了大豆引种有害生物风险分析，经评估研判巴拉那根结线虫、车前状臂形草、大豆茎褐腐病菌、锞纹夜蛾和蓝茎向日葵共 5 种有害生物具有较高的风险。利用从 CABI、GBIF（全球生物多样性信息机构）、EPPO 和国门生物安全基础数据信息资源平台等数据库，搜集，整理、筛选各有害生物在全球的分布及分布地区年平均温度、日平均温度、年降水量等 19 个具有生物学意义的环境变量数据，使用 Biomod2 平台的 10 种单一物种分布模型，分别是人工神经网络（ANN）、分类回归树分析（CTA）、柔性判别分析（FDA）、广义相加模型（GAM）、助推法（GBM）、广义线性模型（GLM）、最大熵模型（MaxEnt）、多元适应回归样条模型（MARS）、随机森林（RF）和表面分室模型（SRE），将环境因子和分布数据输入各个模型，筛选出表现最优的集成模型结果，导入 ArcGIS 软件并投影至世界地图中，完成了 5 种有害生物在我国的潜在地理分布。及时对进口笋瓜种子上检出新德里番茄曲叶病毒（ToLCNDV）进行了风险研判，完成了风险分析报告，建议列入我国进境植物检疫性有害生物名录，加强植物疫情监管。

1. 巴拉那根结线虫

巴拉那根结线虫属于垫刃目，纽带科，根结亚科，根结线虫属。最早发现于巴西的巴拉那州咖啡种植区，目前主要分布于南美洲和北美洲的热带和亚热带地区。主要寄主有大豆、咖啡、烟草和西瓜等。巴拉那根结线虫侵染植物后，地上部表现的症状与生理性缺水缺肥症状相似，变色萎蔫、生长迟缓、顶梢枯死等。地下部症状主要是主根及根部组织破裂形成裂缝，但一般没有明显虫瘿。根部沿着雌虫寄生的位置形成坏死斑，土壤和寄主植物根内的卵块是该线虫越冬和传播的关键。远距离传播主要靠被感染的土壤和植株的调运等进行。

在当前气候下，巴拉那根结线虫的高度适生区主要集中在我国云南南部。其中度适生区则集中在我国南方地区，如台湾、海南、广东和四川南部等地。其低度适生区则较为广泛，从黑龙江、吉林、辽宁，到我国中部大部分地区均有低度适生区。

2. 车前状臂形草

车前状臂形草属于莎草目，禾本科，臂形草属。一年生草本，秆丛生，高20～100厘米；叶鞘边缘具纤毛；叶舌长0.5～1.5毫米；叶片线状披针形至宽披针形，长3～21厘米，宽6～20毫米，表面无毛，基部近心形至心形，紧抱茎，基部边缘具缘毛。原产于非洲西部和中部，目前已经扩散到南美洲大部分地区和北美洲南部，有很强的适应性，是农田中常见杂草。我国曾发布关于进口巴西玉米植物检验检疫要求的公告（2014年第35号），其中车前状臂形草已被列为重点关注的检疫性有害生物，该种可能通过颖果混在进口农作物中引入。

在当前气候下，车前状臂形草的适生区明显集中在我国云南、海南和台湾。在山西、福建、四川、广东和西藏存在部分适生区。

3. 大豆茎褐腐病菌

大豆茎褐腐病菌属于柔膜菌目，背芽突霉属，是我国进境检疫性有害生物，也是欧洲和地中海植物保护组织A1类检疫性有害生物，分布范围包括克罗地亚、匈牙利、塞尔维亚、黑山、阿根廷、巴西、加拿大和美国等地。该病菌主要危害大豆、赤豆和绿豆，可导致大豆茎部维管束和髓部变为红褐色，随后整个茎部变褐色，叶片坏死，出现枯斑，进而造成种子数量减少、种子变小以及植株倒伏、难以收获等。该病菌主要通过病残体进行远距离传播。

在当前气候下，大豆茎褐腐病菌的适生区主要集中在我国中部和西部地区。其高度适生区包括陕西、河南、云南、西藏、新疆和黑龙江部分地区。中度适生区也存在于上述地区，而低度适生区较为广泛，包括内蒙古、河北和江苏等地。

4. 锞纹夜蛾

锞纹夜蛾属于鳞翅目，夜蛾科，锞纹夜蛾属，主要分布在北纬45°至南纬35°之间，从欧洲南部、地中海地区、中东地区到非洲南部均有分布。锞纹夜蛾危害植物的全株，主要危害方式为外部取食，寄主有大豆、玉米、番茄和黄瓜等多种植物，被认为是危害最严重的鳞翅目害虫之一。锞纹夜蛾的卵或幼虫可通过附着在水果、豆荚等中传播。

在当前气候下,锞纹夜蛾的适生区主要集中于我国南方。高度适生区存在于云南、四川、陕西、贵州、重庆、湖南、福建和浙江等地。中度适生区存在于云南、贵州、广西、广东和浙江等地。低度适生区存在于海南、台湾、广西、广东、云南、江苏、四川和湖北等地。

5. 蓝茎向日葵

蓝茎向日葵属于菊目,菊科,向日葵属,是一种带有根茎的多年生草本植物,高度为30～70厘米,根可以深达2米。茎和叶片具有绒毛,呈蓝绿色,具有狭窄的线形或矛形无柄叶,大多对生,长约3～10厘米,边缘具波状纤毛;花头直径为2～4厘米,具有黄色舌状花和红色管状花;果实为灰褐色瘦果,四棱形,长约3毫米,无冠毛。原产于美国得克萨斯州,在田间表现出了持久的侵略性,主要危害作物的种子和根,被认为是得克萨斯州危害最严重的杂草。虽然它目前分布相对有限,并且传播较为缓慢,但是它影响许多不同的作物,难以通过栽培或者机械方法进行控制,有着很高的繁殖潜力和侵入性,其根茎碎片容易形成新植株,机械控制难度大。

在当前气候下,蓝茎向日葵的高度适生区集中在陕西、河南和甘肃部分地区。中度适生区存在于四川、重庆、湖北和山东等地。低度适生区存在于云南、江西、山东、内蒙古、江苏、四川和河北等地。

6. 新德里番茄曲叶病毒风险分析

新德里番茄曲叶病毒最早于1995年在印度被报道危害番茄,是一种对番茄、甜瓜等作物造成毁灭性危害的双生病毒。该病毒早期主要分布于印度等亚洲国家,2012年起被证实与西班牙西葫芦曲叶病相关,此后该病毒在欧洲和非洲一些国家迅速传播。2019年新德里番茄曲叶病毒被欧洲和地中海植物保护组织列入警戒名单,2021年土耳其要求自9月15日起从各国进口的西葫芦种子必须来自未发生新德里番茄曲叶病毒的地区,并要求出口国通过RT-PCR方法检测合格的种子才可入境。我国于2021年8月曾在浙江的温室番茄上检测出新德里番茄曲叶病毒,后经风险评估,研判新德里番茄曲叶病毒传入我国风险较大,传入后定殖扩散风险高,建议将其列入我国进境植物检疫性有害生物名录,采取严格的检疫措施。在办理国外引种检疫审批时,将其列入检疫审批要求,加强引进后种植期间的检疫监管。

二、国外引种检疫审批监管

（一）依法依规开展审批

2023年，办理从国外引种检疫审批11 090批次，同比减少3.4%，其中部级2 387批次，同比增加13.8%，省级8 703批次，同比减少7.3%。全年严格把关，驳回或要求修改有关申请167批次，100%按时办结、零投诉。引进种子9 048批次、4.5万吨，重量同比增加4.7%，苗木2 042批次、15.1亿株，数量同比减少0.7%。总体来看，第一、四季度的签发数量高于第二、三季度，为从国外引种检疫审批的主要季度。从作物种类来看，百合、紫苜蓿、蕹菜等花卉、牧草、蔬菜种子引进批次较多、数量较大（表4-1）。

表4-1 2009—2023年从国外引种检疫审批部分作物审批批次及数量

年度	百合批次	数量/百万株	紫苜蓿批次	数量/千克	蕹菜批次	数量/千克
2009	39	29	16	91 600	127	3 347 725
2010	40	19	7	30 060	127	3 763 610
2011	63	49	1	6 000	97	3 213 010
2012	106	153	12	168 060	110	3 464 051
2013	158	195	79	2 781 494	120	5 614 125
2014	172	190	80	2 650 000	104	4 544 500
2015	151	212	84	2 350 000	95	3 419 020
2016	168	320	35	1 190 000	83	2 943 003
2017	198	386	51	1 380 906	97	3 777 995
2018	278	365	84	3 408 155	108	3 949 090
2019	395	410	84	3 445 010	114	4 831 004
2020	307	513	47	1 772 715	125	4 635 518
2021	305	645	170	6 221 306	168	6 254 674
2022	294	807	80	2 493 364	148	6 366 025
2023	312	748	172	5 924 257	107	4 066 038

2023 年全年引种呈现"四个多"的特点：一是种苗来源国家多。引进种苗来自荷兰、日本、智利、泰国等 76 个国家（地区），为近 3 年新高。二是种苗类型多。申请引进的作物种类为 774 种，其中百合、郁金香等花卉，燕麦、紫苜蓿等牧草，芫荽、菠菜等蔬菜种子引进批次较多、数量较大。三是种植省份较多。涉及 29 个省（自治区、直辖市），其中，广东、内蒙古、甘肃、福建、河北等省（区）种植量大。四是引种单位较多。累计共有 314 家单位或个人提出申请，比去年增加 8.7%。

近年来从国外引进种子和苗木数量居高不下，一方面有效满足了国内育种研究和生产用种需要，另一方面也存在较大的有害生物传入危害风险。为此，农业农村部会同海关总署密切跟踪贸易相关国家有害生物发生动态，及时调整对外检疫要求和工作措施。各海关和各地农业农村部门切实做好有关寄主植物及其他限定物的进境检验检疫和疫情监测工作，一旦发现上述有害生物，依法采取检疫措施。

（二）突出重点加强监管

2023 年，全国农业技术推广服务中心组织各级植物检疫机构对从国外引进的农作物种子和种苗开展种植期间跟踪监测调查，重点加强新引进作物种质资源、引进批次多数量大的种子种苗监测，全国农业技术推广服务中心下达专项监测任务，开展重点监测调查，有效保证引种检疫安全。全国农业技术推广服务中心统一组织有关专家和相关省份植物检疫人员，重点对审批引进牧草的集中种植区开展疫情监测调查。根据首次引种情况开展隔离试种工作，国家植物检疫隔离场共完成玉米、番茄、辣椒、西瓜等 90 余批次进境植物种子的隔离试种工作，其中来自泰国、荷兰的番茄、辣椒等 22 批次出现疑似检疫性有害生物危害症状的样品，专家开展现场鉴定或实验室送样检测，结果均未发现检疫性有害生物。各省按照统一部署安排，完成从国外引种检疫疫情监测面积 40 万亩以上，不断强化引种后续检疫监管。

（三）严格做好进口种子隔离试种，筑牢有害生物入侵防控第一道防线

2023 年，全国农业技术推广服务中心积极推进有害生物风险分析和制度体系建设。对从塞尔维亚引进的大豆、向日葵、小麦种子开展风险分析，对上述种子可能携带的 100 余种重点关注的有害生物开展风险评估，并建议将番茄环斑病毒、黄萎轮枝孢等 18

种有害生物添加进检疫审批要求；完成引进大豆种质资源可能携带的巴拉那根结线虫等5种有害生物的入侵分布预测，形成报告《基于集成模型的大豆有害生物的潜在分布预测》；针对海关总署关于在进口笋瓜种子上检出新德里番茄曲叶病毒（ToLCNDV）的通报，对该病毒开展风险分析，并建议将其列入我国进境植物检疫性有害生物名录；对国家油菜产业技术体系专家首次在我国发现的油菜根溃疡病进行初步风险分析，研判其在我国扩散流行风险及对油菜产业的影响。

三、农业植物疫情监测

（一）总体发生情况

2023年，全国农业植物检疫性有害生物在29个省（自治区、直辖市）的1 393个县（市、区）发生，与2022年相比减少2个发生县，发生面积1 883.9万亩次，与上年相比下降11.5%。各级农业农村主管部门及植物检疫机构按照"政府主导、属地责任、分类指导、分区治理"的思路，认真落实各项工作措施，累计防治面积9 017.6万亩次。红火蚁、柑橘黄龙病等植物疫情在138个县级行政区报告新发生，菜豆象等20种检疫性有害生物在112个县级行政区报告根除。总体看，2023年红火蚁、大豆疫霉病菌处于扩散高风险期，发生面积较大，柑橘黄龙病、苹果蠹蛾、梨火疫病等仍对农业生产安全构成潜在威胁，国内植物疫情形势依然严峻（表4-2）。

表4-2　2023年各地区发生的全国农业植物检疫性有害生物名单及县级行政区数量

地区名称	植物检疫性有害生物名称	发生县级行政区数量/个
北京	稻水象甲	2
天津	稻水象甲、假高粱、苹果蠹蛾、扶桑绵粉蚧	5
河北	稻水象甲、腐烂茎线虫、列当（属）、黄瓜黑星病菌、番茄溃疡病菌、苹果蠹蛾	16
山西	列当（属）、稻水象甲	8
内蒙古	苹果蠹蛾、瓜类果斑病菌、列当（属）、稻水象甲、黄瓜黑星病菌、腐烂茎线虫、大豆疫霉病菌、番茄溃疡病菌	37
辽宁	稻水象甲、黄瓜黑星病菌、腐烂茎线虫、黄瓜绿斑驳花叶病毒、苹果蠹蛾、列当（属）	47

（续）

地区名称	植物检疫性有害生物名称	发生县级行政区数量/个
吉林	黄瓜黑星病菌、稻水象甲、苹果蠹蛾、番茄溃疡病菌、瓜类果斑病菌、腐烂茎线虫、大豆疫霉病菌、列当（属）	48
黑龙江	苹果蠹蛾、稻水象甲、大豆疫霉病菌、马铃薯甲虫、黄瓜黑星病菌、番茄溃疡病菌、腐烂茎线虫、瓜类果斑病菌	58
上海	葡萄根瘤蚜、扶桑绵粉蚧、红火蚁	2
江苏	水稻细菌性条斑病菌、扶桑绵粉蚧、假高粱、黄瓜绿斑驳花叶病毒、柑橘黄龙病菌（亚洲种）	35
浙江	红火蚁、稻水象甲、水稻细菌性条斑病菌、瓜类果斑病菌、亚洲梨火疫病菌、柑橘黄龙病菌（亚洲种）、黄瓜绿斑驳花叶病毒、扶桑绵粉蚧、番茄溃疡病菌	45
安徽	番茄溃疡病菌、稻水象甲、水稻细菌性条斑病菌、瓜类果斑病菌、扶桑绵粉蚧、大豆疫霉病菌、腐烂茎线虫、亚洲梨火疫病菌、黄瓜绿斑驳花叶病毒	44
福建	柑橘黄龙病菌（亚洲种）、红火蚁、水稻细菌性条斑病菌、黄瓜绿斑驳花叶病毒、稻水象甲、香蕉镰刀菌枯萎病菌4号小种、瓜类果斑病菌、扶桑绵粉蚧	77
江西	稻水象甲、柑橘黄龙病菌（亚洲种）、红火蚁、扶桑绵粉蚧、水稻细菌性条斑病菌	72
山东	稻水象甲、腐烂茎线虫	10
河南	腐烂茎线虫、稻水象甲、葡萄根瘤蚜、大豆疫霉病菌	27
湖北	红火蚁、水稻细菌性条斑病菌、稻水象甲、番茄溃疡病菌、十字花科黑斑病菌、毒麦、扶桑绵粉蚧	46
湖南	稻水象甲、红火蚁、扶桑绵粉蚧、柑橘黄龙病菌（亚洲种）、水稻细菌性条斑病菌、瓜类果斑病菌、葡萄根瘤蚜、假高粱、蜜柑大实蝇	83
广东	柑橘黄龙病菌（亚洲种）、红火蚁、香蕉镰刀菌枯萎病菌4号小种、水稻细菌性条斑病菌、稻水象甲、扶桑绵粉蚧	128
广西	红火蚁、水稻细菌性条斑病菌、香蕉镰刀菌枯萎病菌4号小种、柑橘黄龙病菌（亚洲种）、扶桑绵粉蚧、葡萄根瘤蚜、黄瓜绿斑驳花叶病毒	110
海南	假高粱、水稻细菌性条斑病菌、红火蚁、柑橘黄龙病菌（亚洲种）、香蕉镰刀菌枯萎病菌4号小种、黄瓜绿斑驳花叶病毒、番茄溃疡病菌	24
重庆	稻水象甲、红火蚁	30

（续）

地区名称	植物检疫性有害生物名称	发生县级行政区数量/个
四川	稻水象甲、红火蚁、柑橘黄龙病菌（亚洲种）、水稻细菌性条斑病菌、蜜柑大实蝇	103
贵州	红火蚁、稻水象甲、菜豆象、水稻细菌性条斑病菌、柑橘黄龙病菌（亚洲种）、马铃薯金线虫、内生集壶菌、蜜柑大实蝇	74
云南	红火蚁、水稻细菌性条斑病菌、柑橘黄龙病菌（亚洲种）、蜜柑大实蝇、稻水象甲、香蕉镰刀菌枯萎病菌4号小种、扶桑绵粉蚧、内生集壶菌、菜豆象、马铃薯金线虫	102
陕西	腐烂茎线虫、稻水象甲、李属坏死环斑病毒、列当（属）、葡萄根瘤蚜	27
甘肃	苹果蠹蛾、梨火疫病菌、黄瓜绿斑驳花叶病毒、列当（属）	30
宁夏	苹果蠹蛾、稻水象甲、瓜类果斑病菌、番茄溃疡病菌、黄瓜黑星病菌	17
新疆	苹果蠹蛾、列当（属）、马铃薯甲虫、瓜类果斑病菌、梨火疫病菌、扶桑绵粉蚧、稻水象甲	86
合计		1 393

（二）部分重大疫情发生情况

（1）红火蚁。 在13个省（自治区、直辖市）的630个县（市、区）发生。新增疫情发生县级行政区49个（四川10个，湖南9个，浙江、湖北、江西各6个，重庆5个，云南3个，福建2个，上海、海南各1个），增幅较去年降低5.8%，根除疫情县级行政区6个（浙江3个、湖北、湖南、四川各1个）。全年发生面积618.6万亩，比上年减少4.4万亩，减幅0.7%，发生面积呈下降趋势。大部分发生区的发生程度在2级以下，因红火蚁危害导致农田弃耕和人畜受叮咬相关报道明显减少。2023年，全年累计防治面积达1 642.7万亩次，重点、新发区域做到两次集中防治全覆盖，取得了扩散蔓延减缓、发生面积减少、发生程度减轻的成效。下一步，要积极协调相关部门坚持前一阶段的好经验、好做法，按照"源头控制、协同联防、检防结合"的思路，重点从压实防控责任、狠抓检疫监管、强化监测预警、推进科学防控、加强支持保障等五方面落实，坚决控制红火蚁蔓延危害。

(2) 大豆疫霉病菌。 在 5 个省（自治区、直辖市）的 46 个县（市、区）发生，新增疫情发生县级行政区 7 个（黑龙江 5 个，吉林、河南各 1 个），增幅较去年降低 61％。全年发生面积 24.7 万亩，较上年减少 79.0 万亩。2023 年，黑龙江推动落实大豆种子包衣，降低了大豆疫霉病菌的发生面积和发病程度，但随着各省区大豆种植面积增长、种子调运频繁，受到雨水及温湿度条件适宜、种子包衣措施不到位、抗病品种少等因素影响，大豆疫霉病菌呈扩散发展的趋势。下一步，要强化主要制种省（自治区、直辖市）检疫管理，强化产地检疫，增加抽检比率，引导培育使用抗病品种，强化快速检测技术应用，加快推进大豆疫霉病菌种子处理及全程防控技术研究，提升疫情早发现、早处置的能力。

(3) 柑橘黄龙病菌（亚洲种）。 在 11 个省（自治区、直辖市）的 334 个县（市、区）发生，新增疫情发生县级行政区 8 个（云南 3 个，湖南 2 个，江苏、浙江、江西各 1 个），根除疫情县级行政区 1 个（四川 1 个）。全年发生面积 211.8 万亩，比上年增长 15.5 万亩，增幅 7.9％。按照农业农村部统一部署，有关省（自治区、直辖市）加强柑橘黄龙病综合治理，按照"防疫病、保产业"的思路，重点推进发生区联防联控和前沿区阻截防控，全年防控面积 3 183.7 万亩次。大部分发生省（自治区、直辖市）平均病株率控制在 5％以内，大部分发生省（自治区、直辖市）将传病虫媒密度控制在较低水平，但由于柑橘效益下滑影响防控措施的落实、柑橘种植面积增长过快导致木虱寄主范围广等因素，部分主产县柑橘黄龙病出现反弹以及呈流行态势。下一步，贯彻落实"苗虫铲检"技术路径，扎实做好关键通道阻截防控和发生区综合治理，遏制病害扩散蔓延，保障柑橘生产安全。

(4) 苹果蠹蛾。 在 9 个省（自治区、直辖市）的 155 个县（市、区）发生。新增疫情发生县级行政区 2 个（新疆 2 个），铲除疫情县级行政区 15 个（新疆 14 个、甘肃 1 个）。全年发生面积 53.6 万亩次，比上年增长 1.4 万亩次，涨幅 2.6％。在农业农村部支持下，甘肃、新疆、辽宁等发生省（区）建立一批综合治理示范区，发生区果园虫口密度均控制在 3％以内，蛀果率明显下降。河北隆化及时清理果园及周边等苹果蠹蛾可能越冬场所，使用性信息素迷向防控技术建立疫情阻截带，有效遏制了苹果蠹蛾的扩散势头。下一步，要在河北、宁夏等疫情扩散前沿区重点布控，组织各地继续加大疫情监测与阻截力度，强化果品检疫监管，加强区域联防联控，严防疫情向未发生区及苹果主产区扩散。

（5）**梨火疫病菌**。在2个省（自治区）的51个县（市、区）发生，新增疫情发生县级行政区6个（新疆6个），铲除疫情县级行政区12个（新疆12个），发生面积10.0万亩。亚洲梨火疫病菌在2个省（直辖市）的4个县（市、区）发生，全年发生面积502亩。梨火疫病菌在新疆大部梨、苹果产区总体中等发生，在甘肃河西走廊的部分果园点片发生，亚洲梨火疫病菌在浙江西北部等的部分苹果、梨果园零星发生。疫情随传粉昆虫、农事操作等在已发生县（市、区）扩散风险较高，存在进一步传入苹果、梨优势产区的风险。下一步，要逐步建立"政府主导、属地责任、联防联控"的防控机制，实行"分类指导、分区治理、综合防控"策略，在发生区加强检疫监管，防范疫情传出，加强病株清除、药剂防治、安全授粉、工具消毒等综合治理措施，压低病园率和病株率；未发生区做好监测调查，落实预防措施，及时发现、有效处置新发零星疫情点。

（6）**黄瓜绿斑驳花叶病毒**。在8个省（自治区、直辖市）的16个县（市、区）发生。新增疫情发生省级行政区1个（甘肃），县级行政区7个（辽宁3个，安徽2个，浙江、甘肃各1个），根除疫情省级行政区2个（湖北、陕西），县级行政区4个（江苏、福建、湖北、陕西各1个）。全年发生面积1.3万亩，比上年增加44.4%。下一步，要继续加强甘肃、新疆等主要制种省（自治区、直辖市）检疫管理，加强产地检疫力度，加大抽样检测比例，推进种子高温处理等预防性措施运用，力争从源头控制疫情。同时，组织西瓜、甜瓜生产省（自治区、直辖市）加强育苗企业检疫监管和技术指导，形成全国联动、协同监管的工作格局。

（7）**瓜类果斑病菌**。在9个省（自治区、直辖市）的21个县（市、区）发生。新增疫情发生县级行政区8个（浙江4个，吉林、黑龙江、安徽、湖南各1个），根除疫情省级行政区2个（山东、甘肃），县级行政区5个（甘肃2个，山东、宁夏、新疆各1个）。全年发生面积1.3万亩，比上年减少0.3万亩。宁夏持续开展"瓜类种子种苗抽检专项行动"，有效遏制了疫情扩散势头；山东、甘肃经宣传培训及防控技术指导，育苗企业、种植户的防控意识逐年增强；但是浙江瓜类果斑病菌发生面积扩大。下一步，要强化主要制种省（自治区、直辖市）检疫管理，强化产地检疫，增加抽检比率，降低种子带菌率，组织西瓜、甜瓜生产省（自治区、直辖市）加强对育苗企业的技术指导，加大药剂拌种和科学肥水管理等预防性措施运用。

四、重大疫情阻截防控

（一）抓住基础重点，强化疫情阻截

在农业农村部的统一部署下，各级植物检疫机构切实加强国内产地检疫和调运检疫，强化对调运植物、植物产品的检疫监管。产地检疫方面，水稻、玉米、小麦等主粮作物产地检疫面积基本达到全覆盖，果树、蔬菜、花卉等农作物种苗覆盖率逐步提升，产地检疫批次、涉及植物和植物产品数量有一定的增长。调运检疫方面，省内、省间调运检疫批次、涉及植物和植物产品数量增长较快。

1. 产地检疫

2023 年，各级植物检疫机构严格按照法规规范开展植物及植物产品产地检疫，切实降低检疫性有害生物随植物及植物产品传播风险。全年签发产地检疫合格证 5.8 万份，产地检疫总面积 3 567.40 万亩，为近 7 年来最高（图 4-1），种子总质量 1 456.3 万吨，苗木 171.3 亿株。

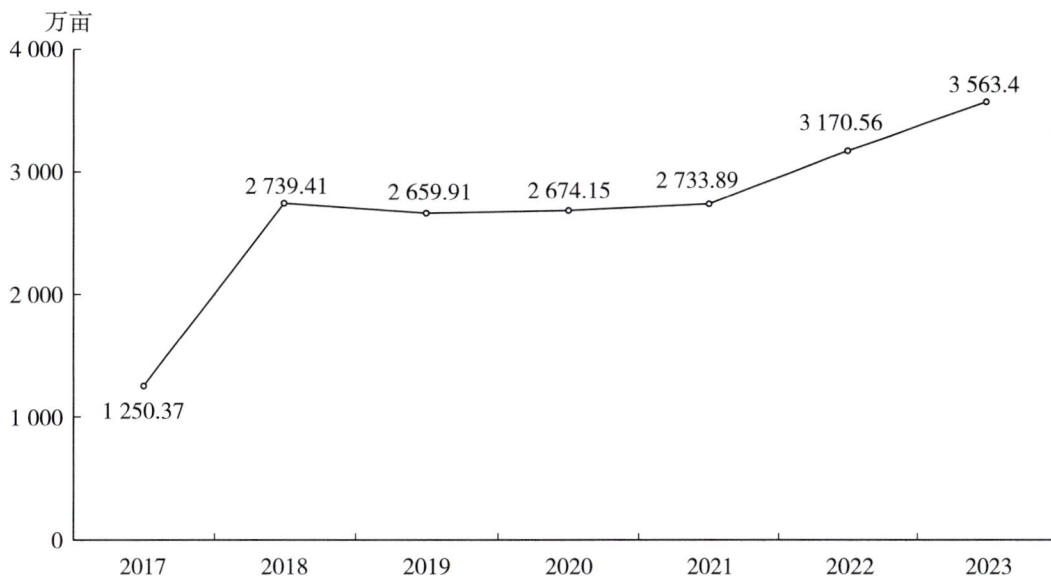

图 4-1　2017—2023 年全国产地检疫面积变化趋势

从各省情况来看，30 个省（自治区、直辖市）都出具了产地检疫合格证。从签发数量上来看，各省差异很大，新疆、黑龙江、甘肃、山东、河南5省（自治区）年签发量超过2.3万份，占全国总数40％。从产地检疫面积上来看，黑龙江、河南、山东、甘肃、新疆、江苏、安徽、新疆生产建设兵团、河北、四川等产地检疫面积在100万亩以上，占全国的80％。从产地检疫种子质量上看，黑龙江、河南、甘肃3省占全国的35％。从产地检疫苗木数量上看，安徽、浙江、四川、福建、河北、上海、贵州、湖北、辽宁、山东、广西、广东共12省（自治区、直辖市）年度超157亿株，占全年苗木产地检疫数量的92％（表4-3）。

表4-3 2023年产地检疫分省份情况表

地区名称	签发数量/份	申请单位/个	作物种类/种	作物品种/个	面积/亩	质量/千克	株数/株
北京	287	61	50	936	8 521.73	2 352 275.59	42 185 301
天津	321	35	43	1 883	36 416.72	16 403 068.71	21 600 000
河北	2 374	507	119	7 512	1 451 489.58	772 778 121.8	876 821 750
山西	1 084	199	74	3 815	264 482.52	112 937 569.9	6 984 000
内蒙古	1 132	329	85	3 891	986 382.76	952 218 163.8	22 508 970
辽宁	2 751	490	212	13 184	380 679.34	131 337 558.3	581 474 777
吉林	870	235	73	7 705	276 873.73	110 671 424.8	12 190 000
黑龙江	5 498	468	75	8 363	5 853 513.26	1 594 073 745	25 317 200
上海	296	61	63	984	65 781.97	42 236 373.3	674 265 668
江苏	3 001	299	76	4 514	2 652 905.78	1 250 223 648	2 781 000
浙江	1 089	304	138	2 225	262 728.21	77 412 959.55	2 379 673 037
安徽	2 535	434	85	7 448	1 932 801.65	697 362 586.4	5 614 389 900
福建	1 766	212	38	2 257	480 726.13	108 943 643.1	948 754 330
江西	1 367	224	49	2 758	594 177.88	122 629 570.5	4 411 005
山东	3 837	770	119	12 388	3 501 146.51	1 480 098 391	416 541 250
河南	4 152	852	116	9 441	4 293 886.07	1 731 708 761	366 557 840
湖北	1 190	232	127	3 439	429 653.26	144 101 433.1	604 127 250
湖南	1 514	260	102	3 615	626 888.07	132 841 802	209 132 679
广东	1 562	260	164	4 475	149 737.08	26 464 086.75	385 529 652
广西	636	190	64	2 406	189 638.65	131 330 159.4	394 019 920

（续）

地区名称	签发数量/份	申请单位/个	作物种类/种	作物品种/个	面积/亩	质量/千克	株数/株
海南	2 073	884	81	9 709	318 577.16	68 367 189.7	2 980 791
重庆	820	195	81	2 386	243 877.82	30 464 182.45	131 256 867
四川	2 329	571	200	7 300	1 041 882.9	305 737 298.4	2 213 364 962
贵州	483	210	118	1 518	319 887	228 294 401.1	650 253 098
云南	1 901	423	150	4 195	673 457.39	477 470 120.2	193 481 544
西藏							
陕西	806	230	77	3 501	316 557.5	110 028 004.3	70 506 300
甘肃	5 541	734	388	34 835	3 341 459.79	1 731 049 604	63 041 000
青海	223	39	25	135	182 743.85	83 465 494	8 795 000
宁夏	749	117	63	2 179	213 750.45	206 902 054.1	121 037 135
新疆	4 047	569	91	11 015	3 061 421.94	1 153 395 664	88 244 500
新疆生产建设兵团	1 350	343	38	2 557	1 487 162.01	512 107 820.4	1 505 800
合计	57 584	—	—	—	35 639 208	14 545 407 173.49	17 133 732 526

注：因分列数据存在四舍五入，所以加和数据与总量略有偏差。

从农作物看，马铃薯、小麦、玉米、大豆、稻、棉花、落花生、烟草、苹果、紫云英产地检疫面积大，其中马铃薯种植面积最大，种植面积达到 1 185.51 万亩，其次是小麦种植面积为 575.76 万亩，玉米种植面积为 555.31 万亩（图 4-2）。稻、玉米、小麦、大豆、辣椒、西瓜、番茄、白菜、南瓜、棉花产地检疫批次多，其中稻的产地检疫批次最多，共计 9 756 批次，其次是玉米 9 266 批次，小麦 6 641 批次（图 4-3）。

各省不断强化产地检疫水平，提升田间调查发现疫情处置疫情能力，2023 年，在田间调查过程中发现疫情并处置共计 133 批次，全程跟踪，防范检疫性有害生物传播扩散，筑牢安全屏障，为引种用种安全保驾护航。

2. 调运检疫

2023 年，各级植物检疫机构共签发农业植物、植物产品调运检疫证书 44.0 万份，经检疫合格调运种子 386.9 万吨，苗木 80.6 亿株，其中省内调运 24.0 万批次，种子 160.30 万吨，苗木 31.3 亿株，省间调运 20.0 万批次，种子 226.6 万吨，苗木 49.3 亿株。

万亩

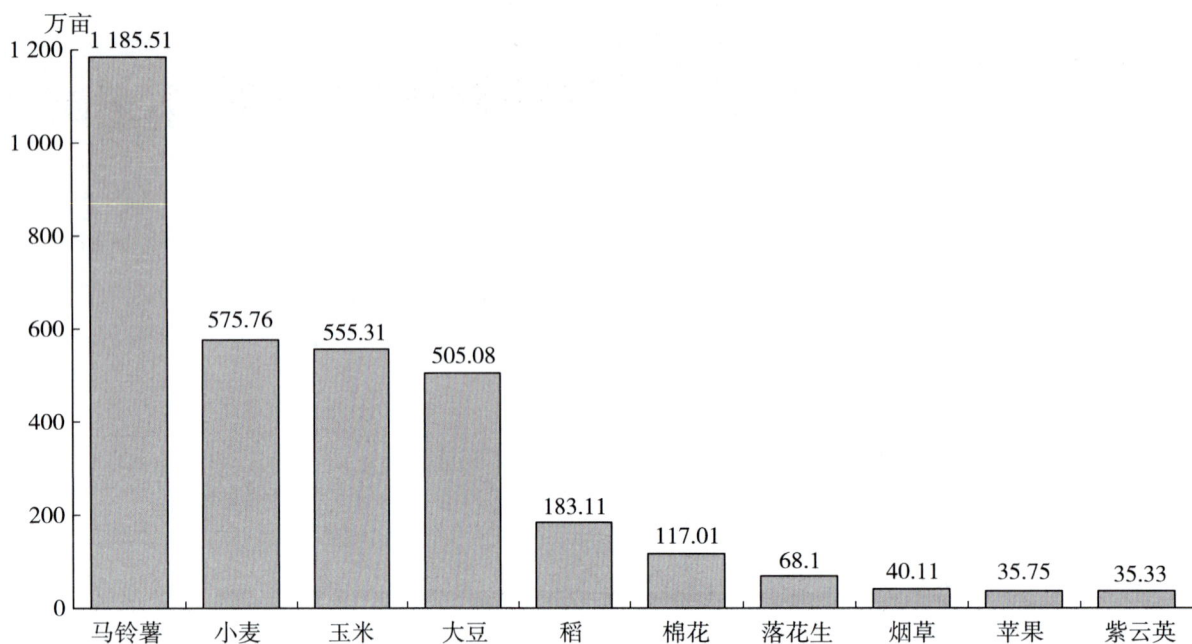

图 4 - 2　2023 年主要作物产地检疫面积

批次

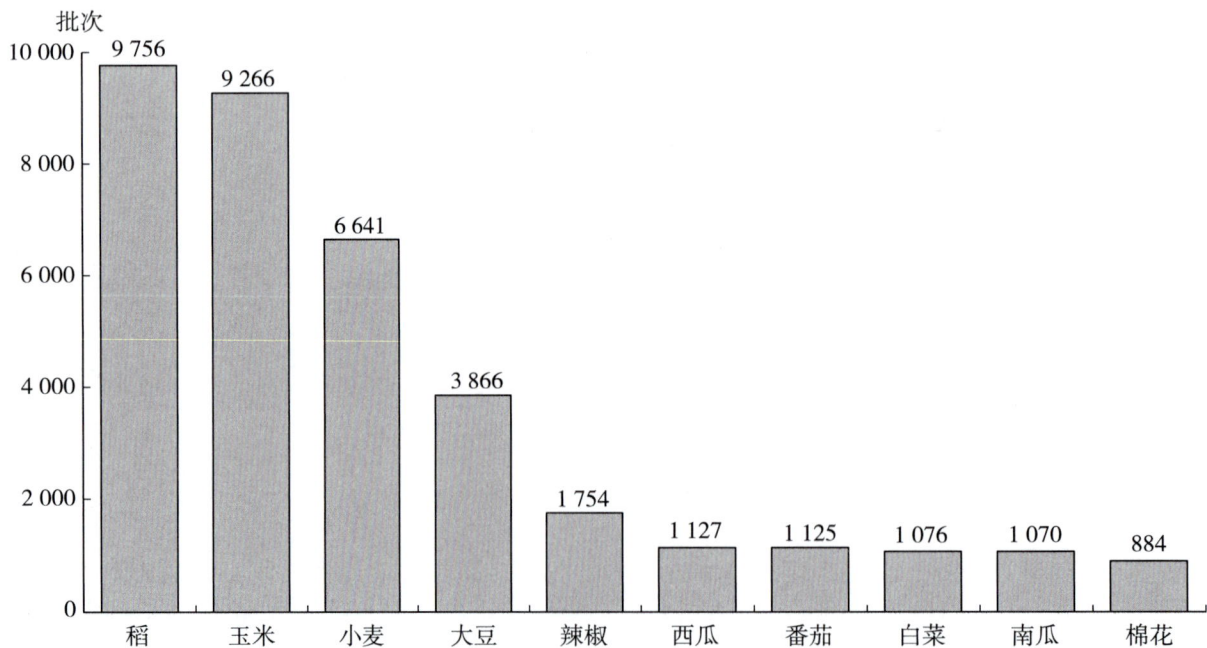

图 4 - 3　2023 年主要作物产地检疫批次

按省内、省间调运分析，从省内调运检疫情况看，1月、2月、12月签证量均高于3万份，8—12月调运种子质量均在12万吨以上；8月苗木调运量为12.6亿株，为全年最高，3月、4月、5月、6月、7月和11月调运量也在1.0亿株以上。从省间调运检疫情况看，1—3月、11月和12月签证数量均高于2.1万份，1月、2月、9—12月调运种子质量均在12万吨以上；4月苗木调运量均超过10.2亿株，为全年最高。

按调运省份分析，四川、贵州、河南、广西、浙江、河北、安徽、山东、甘肃、湖南、云南和辽宁调运证书签发量超过1万份，占全国的80.5%；河南、黑龙江、河北、甘肃、新疆、新疆生产建设兵团、四川、江苏、云南、内蒙古、山东、湖南、贵州、江西调运种子质量超过10万吨，占全国的84.2%；湖北、浙江、四川、河北、贵州、山东、安徽、云南、上海共9省调运苗木均超过1亿株，总数量占全国的92.7%。四川、甘肃、安徽、浙江、河南、山东6省省间调运证书签发量超过1万份，占全国的56.8%；山东、甘肃、四川、河北、广东、浙江省间调运作物种类较多，均超过150种，其中甘肃和浙江调运作物品种超过1万个；甘肃、新疆、新疆生产建设兵团、内蒙古和四川合计省间调运种子质量占全国的61%（表4-4、表4-5）。

表4-4　2023年省内调运检疫情况表

地区名称	签发数量/份	申请单位/个	作物种类/种	作物品种/个	质量/千克	株数/株
北京	4	4	1	9	92 410	0
天津	195	18	37	1 145	478 177.4	0
河北	15 990	332	108	2 241	128 474 516.9	84 731 920
山西	2 137	66	20	695	7 392 940.5	56 000
内蒙古	3 445	204	44	1 503	58 841 031.67	1 800 000
辽宁	5 032	216	60	2 329	10 029 302.13	21 337 942
吉林	1 404	170	39	1 428	12 773 534.5	243 437
黑龙江	3 282	173	14	1 517	191 459 346	24 500
上海	55	16	14	52	845 135	46 140 779
江苏	6 391	226	59	1 582	112 331 621.3	0
浙江	12 550	237	128	4 228	33 622 596.68	598 736 096
安徽	5 757	241	24	1 518	53 230 266.37	3 106 812
福建	76	20	20	264	2 659 651	35 000

（续）

地区名称	签发数量/份	申请单位/个	作物种类/种	作物品种/个	质量/千克	株数/株
江西	5 340	81	34	1 027	27 199 811.3	196 750
山东	10 600	318	63	1 981	109 893 061.8	26 854 806
河南	37 680	762	69	3 215	236 028 965.4	59 545 863
湖北	1 747	139	35	738	16 852 677.3	1 424 648 928
湖南	6 577	217	47	2 003	80 436 098.45	34 726 248
广东	1 656	104	102	2 082	4 911 054.64	2 145 008
广西	11 813	174	48	1 865	34 141 397.76	13 523 155
海南	827	19	3	171	869 174	10 000
重庆	6 809	185	55	1 159	5 734 616.95	29 842 213
四川	48 892	774	154	5 599	113 504 932.3	551 775 500
贵州	39 607	635	59	2 343	91 885 509.25	108 481 411
云南	6 085	347	82	2 058	106 745 470.7	73 125 962
西藏	0	0	0	0	0	0
陕西	2 804	273	91	1 592	25 780 230.31	4 804 720
甘肃	1 282	195	63	1 215	78 167 688.22	5 563 870
青海	7	1	5	5	8 094	0
宁夏	252	30	25	163	2 518 626.66	7 790 000
新疆	1 798	143	55	818	55 526 575.82	33 391 510
新疆生产建设兵团	33	19	12	33	576 967.5	141 202
合计	240 127				1 603 011 481.75	3 132 779 632

注：因分列数据存在四舍五入，所以加和数据与总量略有偏差。

表 4-5 2023 年省间调运检疫情况表

地区名称	签发数量/份	申请单位/个	作物种类/种	作物品种/个	质量/千克	株数/株
北京	2 060	58	43	976	6 455 094.05	32 260
天津	1 766	43	49	1 417	846 785.49	0
河北	8 869	436	206	5 169	30 667 919.12	25 232 657
山西	3 889	115	50	1 204	9 883 485.31	4 836 600

（续）

地区名称	签发数量/份	申请单位/个	作物种类/种	作物品种/个	质量/千克	株数/株
内蒙古	1 993	239	39	1 676	109 777 097	8 970
辽宁	7 484	360	113	5 149	19 125 217.32	45 774 596
吉林	3 404	202	41	3 378	33 241 176.04	360 818
黑龙江	2 755	240	34	2 733	20 183 692.19	2 421 400
上海	391	43	40	351	4 084 437.89	63 631 490
江苏	2 907	243	75	1 608	81 200 049.35	68 336 503
浙江	20 574	330	156	11 016	7 376 222.66	2 587 099 205
安徽	18 688	296	62	3 053	34 003 533.63	1 037 563 120
福建	2 338	196	37	1 590	88 224 991.1	88 852 990
江西	2 703	163	47	1 676	75 050 722.41	15 646 900
山东	12 714	676	214	5 520	54 568 740.91	173 430 513
河南	20 078	580	96	4 231	83 039 756.79	17 348 362
湖北	5 168	178	60	1 970	32 036 153.5	376 892 960
湖南	8 485	262	81	2 056	36 551 590.03	29 695 899
广东	2 972	153	187	1 475	9 922 986.88	37 069 895
广西	4 857	341	58	1 067	28 881 245.5	41 309 097
海南	3 753	758	58	7 596	57 501 695.8	1 251 227
重庆	1 927	130	46	918	5 093 182.25	2 533 040
四川	25 007	620	171	4 453	93 279 791.24	203 796 436
贵州	2 155	140	35	1 292	22 503 139.49	14 523 700
云南	6 932	354	108	2 930	71 103 835.72	78 139 397
西藏	0	0	0	0	0	0
陕西	2012	268	63	1 450	20 519 148.86	11 148 452
甘肃	16 306	557	177	15 656	645 228 349.9	947 908
青海	266	23	23	40	11 528 020.1	0
宁夏	1 324	102	42	640	32 420 828.84	1 808 000
新疆	4 364	349	76	4 978	302 950 897.2	40 000

（续）

地区名称	签发数量/份	申请单位/个	作物种类/种	作物品种/个	质量/千克	株数/株
新疆生产建设兵团	1 297	216	23	1 620	239 218 751.1	629 349
合计	199 438			98 888	2 266 468 537	4 930 361 744

注：因分列数据存在四舍五入，所以加和数据与总量略有偏差。

按调运检疫作物分析，5 种主要农作物签发省内调运检疫证书数量占总量的 86.3％，调运种子量占 89.2％，签发省间调运检疫证书数量占总量的 68.4％，调运种子量占 85.6％（表 4-6）。

表 4-6　2023 年主要农作物种子调运检疫情况表

作物	省内			省间		
	签发数量/份	申请单位/个	质量/千克	签发数量/份	申请单位/个	质量/千克
玉米	114 485	2 545	406 680 254.5	88 503	1 875	1 410 024 085
稻	57 374	1 506	332 446 291.1	37 030	783	363 072 656.7
小麦	31 817	1 091	570 505 955.7	7 867	640	140 779 537.7
大豆	3 251	303	116 256 641.2	2 890	273	25 770 274.64
棉花	303	52	3 640 167.84	203	57	1 391 506.04
合计	207 230	5 497	1 429 529 310	136 493	3 628	1 941 038 060.44

注：因分列数据存在四舍五入，所以加和数据与总量略有偏差。

（二）突出重点区域和重点环节，加强检疫监管

在农业农村部统一部署下，各级植物检疫机构在保障优质种质资源安全使用和加强重要种子繁育基地疫情防控能力建设上下功夫，针对国家级"两杂"种子生产基地、区域性良种繁育基地等重点地区，组织开展检疫专项检查，落实基地建设单位防范植物疫情责任，强化生产经营单位守法意识，提升植物检疫监督管理水平。

针对水稻、大豆等粮油作物制种基地，番茄等茄果类种子种苗和柑橘种苗生产经营企业，2023 年，全国农业技术推广服务中心组织 4 个联合检查组 60 余名植物检疫员，赴山东、黑龙江、内蒙古、四川、江苏、甘肃、重庆等省（自治区、直辖市）的国家级番茄、大豆、水稻、柑橘种苗木繁育基地进行省间联查，督促属地落实检疫监管责任，

提升基地、企业防疫意识和水平，切实提升了产地检疫覆盖率、疑似样品检测率和零星疫情处置率。

各省持续发力，2023 年，调运检疫过程中现场检查共计 12 564 批次，较上年增加 1 668 批次，发现疫情并处理共计 99 批次，较上年增加 58 批次，为近 7 年来最高，不断加强调运检疫力度，保障产业安全。

（三）突出重大疫情，加强疫情防控

2023 年，按照"分类指导、分区治理"的总体工作思路，各地积极开展相关疫情阻截防控工作。对新传入、分布范围小的疫情，重点组织开展铲除扑灭，2023 年累计铲除菜豆象等零星疫情点 112 个。对发生区域不广、对产业威胁较大的重大疫情，重点组织开展阻截防控。针对新疆马铃薯甲虫，利用较好的自然隔离条件，通过设立固定监测网点、铲除传播通道寄主植物、管控发生区产品调运等措施，牢牢将其控制在新疆北疆区域长达 28 年。针对苹果蠹蛾，西线抓住残次果品调运这一高风险点，采取阻截劝返、定点加工、应急处置等措施，一直将疫情阻截在甘肃兰州以西，东线采取性信息素迷向、大规模统防统治等方式，严防其传入黄土高原和胶东半岛苹果优势产区。对发生范围较广的疫情，重点组织开展综合治理，降低传播风险，减轻危害损失，保护产业发展。红火蚁发生省不断强化联防联控，发生面积减少、发生程度减轻、扩散速度减缓，成效显著。江西、广西等省（自治区、直辖市）采取清除染病植株、统一防控木虱、推广健康种苗、强化检疫监管等综合措施，初步遏制柑橘黄龙病的暴发态势，产业逐步恢复。各水稻主产区采取"秧田防控、带药移栽"等综合措施，长期将稻水象甲危害程度控制在 3% 以内。

1. 红火蚁防控

2023 年农业农村部和财政部持续贯彻落实党中央、国务院决策部署，牢固树立风险意识，强化联防联控，推进各部门、各地区协同共进，坚决控制住红火蚁蔓延危害态势，累计防治面积 1 642.7 万亩次，重点、新发区域做到两次集中防治全覆盖。

2023 年，在中央财政资金的支持下，农业农村部会同各地各部门紧密合作、上下联动，坚持"源头控制、协同联防、检防结合"，工作再加力，措施再加强，取得了扩散蔓延减缓、发生面积减少、发生程度减轻的成效。四川、湖南等 10 个省（自治区、直辖市）累计报告红火蚁在 49 个县新发，其中，上海为首次发生，新增县级行政区较

2022年减少了5.8%，增速放缓。浙江、湖北、湖南、四川的6个县级发生区报告根除。此外，各地强化对专业化防控组织的工作指导和监督，通过评价筛选、优胜劣汰，培养、扶植、壮大了一批专业化防控组织，有力保障了防控的"作业面"。

按照2021年的中央九部门文件，各部门各地区不断完善工作机制，推进落实监管责任。住房和城乡建设部、国家林业和草原局加强城市公园、校园、公共绿地、生态保护区等重点区域监测防控，农业农村部门对农业生产和农民生活区实施常态化监测防控，全口径汇总红火蚁发生分布数据。各地积极构建了党委领导、政府负责、部门协作、社会协同、公众参与、法治保障的生物安全治理机制。在红火蚁防控工作的监督落实上，各地也开展了卓有成效的探索和实践。在今年春秋季防控关键期，继续召开会议号召各地抓住窗口期，聚焦重点区域，备齐药剂物资，组织防控队伍，持续组织做好春秋季统一防控行动。中央生产救灾资金的持续投入，提高了各级政府的认识，促进各地在科普宣传上不断作为，争取社会各阶层最广大的支持。

2. 大豆疫病防控

2023年，大豆疫霉病菌累计防治面积1 638.1万亩次，对134.6吨种子开展灭杀处理，实行轮作及其他处理2.5万亩次。

针对大豆疫病再次暴发风险，2022年年初，全国农业技术推广服务中心制定《大豆疫病防控技术方案》，提出了针对发生区和未发生区的分类防控技术措施；在黑龙江省五大连池市召开大豆疫病防控现场会，交流发生情况和防控经验；在黑龙江省爱辉区建立大豆疫病防控试验示范区，试验验证了精甲霜灵等几种杀菌剂进行种子包衣处理的防治效果，2023年，依托全国植物检疫信息化管理系统，全国农业技术推广服务中心收集全国大豆种子生产、产地检疫、调运检疫、近年大豆疫病发生情况等数据，分析大豆种子产地检疫覆盖率、调运流向等，通过分析，梳理全国大豆疫病传播风险管理重点区域。并赴黑龙江省爱辉区、北安市、五大连池市，内蒙古自治区鄂伦春自治旗、莫力达瓦达斡尔族自治旗和山东省东平县、汶上县等7个县（市、旗）的国家级大豆种子繁育基地和大豆生产基地进行现场调研，深入了解大豆生产、大豆疫病发生防控情况和存在问题，为大豆疫病的防控工作提供支撑。

黑龙江作为大豆疫病的发生省，积极采取多种措施控制发生危害和扩散蔓延。一是全面排查发生情况。印发《关于进一步加强大豆疫霉根腐病普查和防控工作的通知》，组织县乡农技人员和4 000名植保员，调查大豆地块30.4万个，全面查清大豆疫病发生地点。二是全力开展督导防控。组派督导组深入重点地区调研督导，对植保员和种子繁育企业分批分类开展现场培训和座谈交流，全省共组织培训 300 多期。对发病田块全面加大病株拔除和药剂灌根防控力度。三是全面推动产地检疫。抽调骨干人员赴大豆繁种重点市县开展联合产地检疫，及时完成 2 333 批大豆种子检疫。四是全面进行取样检测。对 585 份产地检疫发现的疑似病株及田块土壤样品进行送检；对收获后的大豆种子加大取样送检比率，确保签证调运的种子不携带病菌。黑龙江省大豆疫病发生面积显著下降，防控工作取得实效。其他重点区域省份，加强产地检疫和调运检疫，提升抽检率，保障大豆产业健康发展。

3. 柑橘黄龙病防控

2023 年，柑橘黄龙病累计防治面积 3 183.7 万亩次，对 136.2 万株染疫苗木开展灭杀销毁处理，实行轮作及其他处理 11.8 万亩次。

根据柑橘黄龙病的地理分布，划分阻截前沿区、发生区、未发生区，实施分类指导、分区治理。阻截前沿区包括柑橘木虱北移、病害扩散关键或前沿区域，包括黔东南和黔西南扩展前沿区、金沙江流域（四川、云南）阻截带。发生区包括广东、广西（大部）、福建柑橘产区和浙南柑橘带，以及云南、海南等省局部县（市、区）。未发生区包括长江上中游（湖北秭归县以西、四川宜宾市以东，以及重庆三峡库区）、鄂西-湘西柑橘带、湖北丹江库区北缘柑橘基地、四川内江市和安岳县、云南德宏州基地等。

各地采取的具体措施包括：一是加强疫情阻截。强化预防控制，重点在金沙江中下段两岸构建长约 90 千米的阻截带，改种其他经济作物，阻断疫情扩散，全力保护好长江上中游、鄂西-湘西柑橘带等未发生区。在赣南-湘南-桂北和浙南-闽西-粤东等疫情发生区采取综合防治措施，控制疫情蔓延，推进建立以 200～300 亩为一个单元的连片基地，并在单元与单元之间保留或种植一定规模的隔离带，减轻病害发生蔓延。二是加密监测预警。在柑橘优势种植区，加密布设监测网点，及时准确监测病害发生动态，及早发布预警信息。组织开展区域间联合监测，加强信息调度分析和互联互通，提升疫情风险分析、防控指挥调度能力。三是推进标准化生产。指导果农按标生产、规范管理，降低柑橘黄龙病的发生概率。推进老果园改造，集成推广精心整园、精细修剪、精准施肥、精确用药的绿色高效技术模式，打造绿色生态果园。发挥新型社会化服务组织的作用，因地制宜开展统一整园、统一修剪、统一施肥、统一用药等全程技术服务，降低染病风险。四是推进综合防控。加快健康种苗推广，建设区域性果树良种繁育基地，提高健康种苗供给能力，努力实现优势产区健康种苗全覆盖。切实降低木虱基数，大范围推行冬季清园、夏季控梢和春秋两季木虱统防统治，减少木虱危害。积极推广天敌生物，控制木虱种群数量。及时铲除染病植株。引导农民及时发现病株、坚决砍除病株，减少柑橘黄龙病传播源。鼓励农户在隔离网室集中繁育大苗，及时补种恢复生产。五是严格检疫监管。落实产地检疫和调运检疫制度，确保未经检疫的种苗不得出圃、不得入园，净化柑橘苗木市场。加强柑橘苗木繁育监管，对非法调运、生产、经营感染柑橘黄龙病的柑橘苗木等繁殖材料的，依法严肃处理。

上述措施在实践中取得了很好的效果，如江西省赣州市、抚州市、吉安市等地在柑橘黄龙病防控关键时期，加强防控技术指导，积极推行"治虫防病""挖治管并重"的综合治理措施，基本遏制了柑橘黄龙病扩散蔓延的势头。四川省在雷波县、屏山县、叙州区和翠屏区建立全长270千米、面积11万亩的柑橘黄龙病阻截带，开发运用"四川省柑橘黄龙病阻截带监测预警体系"，建设九里香远程监测点6个，设置果园监测点120个，及时监测柑橘黄龙病和柑橘木虱发生动态。

4. 稻水象甲防控

2023年，稻水象甲累计防治面积1 079.6万亩次，对7 565千克种子、2 400.6万株秧苗开展灭杀处理，实行轮作及其他处理10.2万亩次。

根据水稻生产布局和稻水象甲发生情况，实施分类指导、分区治理。在水稻制种区和有零星疫情发生的水稻主产区，包括黑龙江、江西、重庆、四川、贵州、云南等6个省（自治区、直辖市），重点强化检疫监管和应急防控，基本扑灭零星疫情，防止疫情进一步扩散。在非水稻主产区和稻水象甲发生较广的水稻主产区，包括北京、天津、河北、山西、内蒙古、辽宁、吉林、浙江、安徽、福建、山东、河南、湖北、湖南、广西、陕西、宁夏、新疆等18个省（自治区、直辖市），大力开展综合治理，推进栽培制度调整，将平均危害损失率降低到3%以下，逐步缩小危害发生范围。在未发生区，包括上海、江苏、广东等省（直辖市），及时发现并扑灭新出现疫情，通过检疫协同监管堵住人为传播隐患，阻截稻水象甲传入，确保水稻产区和主要制种基地生产安全。

各地采取的具体措施包括：一是加强调查监测。对所有发生区和受威胁区域进行全面监测，通过灯光诱集、田间调查准确掌握疫情发生消长动态，确保疫情得到及时有效处置。在发生区选择有代表性的发生田，重点监测发生危害动态；在未发生区选择毗邻发生区边缘的稻区，江河、铁路和公路枢纽沿线稻田等传入风险较高区域，重点监测疫情是否传入；在水稻主产区、水稻制种基地等传入影响较大的区域，适当增加监测点数量。二是推进综合防控。化学防控方面，针对不同的防治时期和虫态，选择"拌、喷、浸、撒"施药技术，即在播种前进行拌种，成虫羽化高峰期（水稻移栽前后）喷药防控，移栽时用药液浸泡秧苗 30 分钟后再移栽，移栽后用颗粒剂拌土撒施。物理防治方面，在越冬成虫回迁及危害期，利用诱虫灯诱杀成虫。生物防治方面，在发生程度较轻的地区，采用牧鸭防虫或使用白僵菌及绿僵菌等进行防治。农业防治方面，加强水肥管理，推行浅水栽培，通过晒田使稻田泥浆硬化，抑制幼虫危害；对发生区大田，收割后进行秋翻晒垄灭茬，铲除稻田周边杂草，破坏越冬场所。三是强化检疫监管。各级植物检疫机构进行协同监管，完善植物、植物产品调运信息通报机制。发生区严格对应施检疫的物品检疫监管，稻水象甲严重发生的田块，由植物检疫机构监督进行稻残茬翻耕销毁。未发生区加强对来自发生区的稻草包装、铺垫物的检查，必要时喷施药剂进行杀虫处理。重点加强对水稻制种基地、科研育种基地的检疫管理。

5. 马铃薯甲虫防控

根据马铃薯甲虫发生分布和传播扩散特点，着力打造"东、西"两条疫情阻截防线，2023 年累计防治面积 4.6 万亩次。

防控区域分为西线、东线两个区域，实施分类指导、分区治理。西线地区包括新疆天山以北的乌鲁木齐市、昌吉回族自治州、博尔塔拉蒙古自治州、巴音郭楞蒙古自治州、伊犁哈萨克自治州以及塔城地区、阿勒泰地区和石河子市、五家渠市等。开展综合治理，逐步缩小发生范围，降低虫口密度；加强检疫监管，将马铃薯甲虫控制在木垒县以西。东线地区包括黑龙江鸡西市、双鸭山市和牡丹江市，吉林延边朝鲜族自治州珲春市等已报告发生的市（县），以及大兴安岭地区和黑河市、伊春市、鹤岗市、佳木斯市等其他中俄边境沿线地区。实施全面监测，及时发现并扑灭新发疫情点，集中种植诱集带并快速扑杀迁入虫源。

各地采取的具体措施包括：一是加密调查监测。在发生区和马铃薯主产区科学布局监测网点，及时掌握疫情发生、消长动态。5—9 月，在成虫迁飞和成虫、幼虫危害期，实行定期报告制度，确保疫情早发现、早报告、早扑灭。4—10 月，中方与俄方定期交换边境地区马铃薯甲虫监测防控信息，掌握马铃薯甲虫的发生动态。二是铲除新发疫情。对新发、突发疫情及时组织开展应急防治，对染疫中心株及周围 10 米² 范围的植株立即喷药处理，并进行人工清除、深埋。有条件的，在疫点周边设立 80 千米宽的无马铃薯甲虫寄主植物的生物隔离带，防止马铃薯甲虫传出扩散。疫点土壤深翻（20厘米）、覆膜熏蒸压土，杀死土壤中的蛹和成虫，防止马铃薯甲虫逃逸。三是推进综合防控。化学防控方面，对疫情发生区，抓住越冬成虫出土盛期、一代和二代幼虫高峰期化学防治。生态治理方面，实行轮作倒茬，清除天仙子、刺萼龙葵等野生寄主植物，减少发生区域；在播种期，因地制宜实施地膜覆盖技术，控制越冬成虫出土；收获后，及时翻耕冬灌，降低越冬基数。人力防控方面，利用马铃薯甲虫成虫"假死性"，在春季越冬成虫出土盛期，组织人工捕捉，并摘除有卵块的叶片；利用新疆戈壁滩自然隔离条件，人工铲除天仙子等野生寄主，防范疫情自然扩散。四是严格检疫检查。加强产地检疫和调运检疫，严格监管马铃薯种薯及产品调运。吉林、黑龙江重点加大对马铃薯种薯繁育中心检疫检查力度，以及从俄罗斯滨海新区调运物品储存、运输、加工等场所周边的检疫监测，防止疫情随相关商品传播入境。

6. 苹果蠹蛾防控

2023年，苹果蠹蛾累计防治面积达305.9万亩次，实行轮作及其他处理50.5万亩次。

防控区域分为西线、东线和北线。西线地区包括新疆全境、甘肃兰州以西地区。东线地区包括黑龙江哈尔滨市以东地区，吉林延边州，辽宁鞍山市、葫芦岛市和大连市，北京平谷区，天津蓟州区和河北承德市等地区。北线地区包括内蒙古鄂尔多斯市、乌海市、阿拉善盟、包头市，宁夏中卫市、吴忠市等地区。

对于普遍发生区，通过开展综合治理，有效降低苹果蠹蛾蛀果率，逐步缩小发生范围，如辽宁省加强监测预警，建立重大疫情阻截监测点和苹果蠹蛾封锁控制示范区，全面落实监测防控工作；甘肃省开展重点区域疫情阻截，建立疫情防控示范区、疫情阻截前沿区和阻截防线，分区治理，遏制疫情传播。对于零星发生区，通过应急防控行动，努力扑灭新发疫情。对于新发生地区，采取严格检疫根除措施，控制疫情南扩；强化监测防控力度，及时掌握发生动态，如河北省在2020年首次发生疫情后，立即开展专题培训，全面部署监测防控工作，进一步织密监测网络，提升监测能力。对于受威胁地区，通过全面监测，及时发现并扑灭零星疫情点；加强检疫监管，严防人为传播，遏制苹果蠹蛾扩散蔓延，如陕西省开发使用农产品运输车辆运行查询系统，做到果品来源可追溯，在果汁厂建立全面监测和阻截机制，科学预防苹果蠹蛾进入。

各地采取的主要防控措施包括：一是加密监测预警。全面监测苹果、梨、杏、沙果等果园，及时掌握疫情发生、消长动态，确保疫情早发现、早报告、早处置。普遍发生区重点监测有代表性的果园和边缘区；零星发生区重点监测疫情发生点周边 15 千米范围内的果园、果汁加工厂；受威胁地区重点监测城镇、大中型水果交易市场或集散地周边果园，以及机场、铁路、道路两侧的果园。二是实施综合防控。农业防治方面，推广冬季清园措施，刮除果树主干分叉以下的粗皮、翘皮，用石灰涂白剂涂白果树主干和大枝，结合树干绑缚布带、稻草等诱集越冬幼虫，消灭越冬幼虫；清除果园中废弃包装箱、杂草灌木丛等可能为苹果蠹蛾提供越冬场所的物品。物理防治方面，4—9 月，在果园内设置杀虫灯诱杀苹果蠹蛾成虫；对不连片的果园，采用性信息素和专用诱捕器诱杀成虫；对连片大面积果园，布设性信息素散发器进行迷向防治，干扰成虫交配，降低种群数量。化学防治方面，在苹果蠹蛾卵孵化至初龄幼虫蛀果前开展化学防治，蛀果率 5% 以上的地区每年化学防治 4～5 次，蛀果率 2%～5% 的地区防治 2～3 次，蛀果率 2% 以下的地区防治 1～2 次。废弃果园管理方面，对于无人管理的疫情重发果园和无人防治的房前屋后果树，在果实膨大中前期全部摘除并集中销毁。三是强化检疫监管。严禁发生区果品违规调运。严格控制疫情发生区残次果、虫落果销往未发生区，特殊情况必须经过检疫处理合格后，按指定的运输路线运到指定加工厂加工，发现携带疫情的，进行灭虫、运返原地或销毁处理。强化果汁加工厂、果品收购加工集散地的检疫监管，落实生产企业疫情防控责任。

7. 梨火疫病防控

2023 年，梨火疫病和亚洲梨火疫病累计防治面积达 40.6 万亩次。

防控区域上分为西线、东线。梨火疫病西线地区为新疆全境，甘肃河西走廊武威市、张掖市；亚洲梨火疫病西线地区为重庆万州区、开州区，东线地区为浙江杭州市、金华市、衢州市、丽水市，以及安徽黄山市。对于普遍发生区，要通过大力开展综合治理，有效降低亚洲梨火疫病（梨火疫病）病株发生率，逐步缩小发生范围；对于零星发生区，在每年 4—6 月病害易发、危害症状明显时期，对当地所有梨树和梨苗进行疫情调查监测，发现新发生区零星疫点后通过应急防控行动，努力扑灭新发疫情；对于受威胁地区，通过全面监测，及时发现并扑灭零星疫情点，加强检疫监管，严防人为传播，遏制梨火疫病扩散蔓延；对于未发生区，严禁从疫区调运梨苗与枝条，严禁从疫区购买花粉，防止病害扩散与蔓延，禁止疫区的蜜蜂迁移到无病区。

各地采取的主要防控措施包括：一是强化监测预警。持续开展田间普查，对疑似疫情开展室内检测，实时掌握分布区域、发生程度和发生面积。受威胁地区重点监测种苗、接穗、砧木（杜梨苗）等高风险物品调入的果园，梨、苹果、杜梨、海棠、山楂苗木繁育基地等；发生区重点监测有代表性的果园和边缘交界区；阻截前沿区要加密布设监测点。二是强化农艺措施。清除病树、病枝，病株率较低的果园，重病株发现一株挖除一株，轻病株采用重修剪清除病枝，剪口应离病斑 30 厘米以上，或将整个枝条剪除，病树病枝应集中销毁，对病树周围的植株进行喷药保护。冬季修剪清园，发病梨园冬季落叶后，逐株仔细检查每株梨树，彻底剪除有梨火疫病溃疡斑的病枝和枯枝，清除地面上的落叶、落果和枯枝，集中移出园外销毁。最好进行两遍修剪，第一遍剪病枝梢，第二遍是常规的修剪。严禁病健株交叉使用修剪刀，工具要严格做到"一修剪一消毒"，可使用 10％漂白粉液、3％中生菌素、2％春雷霉素配制消毒液，在发病果园进行修剪的人员和使用的工具工作结束后均需进行消毒。对于发病面积较大、病情严重的果园，建议改种其他非寄主植物。三是强化化学防控。在梨、苹果、杜梨、海棠、山楂等植物萌芽前喷施石硫合剂进行保护，在疫情发生区初花期（5％花开）及周边梨、苹果等萌芽前喷石硫合剂保护，初花期（5％花开）喷药 1 次，谢花期（80％花谢）、果实膨大期以及果实采收后 10 天之内，选用春雷霉素、噻唑锌、春雷·噻唑锌、氢氧化铜、噻菌铜等杀菌剂进行防控。对于春梢长势旺盛的果园，或用药后遇下雨、冰雹等，应补施 1～2 次。药剂品种应交替轮换使用，整个生长季节每种药剂使用不能超过 2 次。四是强化检疫监管。强化梨、苹果、杜梨、山楂、海棠等蔷薇科寄主植物苗木、接穗等应检物品的调运检疫监管，疫情发生区物品禁止调出，梨、苹果主产区加大调入相关物品的复检力度。

第五章

农药及施药机械应用

一、农药新品种、新剂型试验

2023年，全国农业技术推广服务中心组织开展全国性新药剂、新剂型大田试验，筛选出一批替代老旧农药品种新产品。

种子处理剂（21种）：10％噁霉灵・精甲霜灵・氰烯菌酯种子处理悬浮剂、11％氟环・咯・精甲悬浮种衣剂、11％唑醚・灭菌唑种子处理悬浮剂、200克/升氟唑菌酰羟胺悬浮种衣剂、200克/升三氟吡啶胺悬浮种衣剂、25％噻虫・咯・霜灵悬浮种衣剂、25克/升灭菌唑种子处理悬浮剂、26％苯醚・吡虫啉种子处理悬浮剂、27％苯醚・咯・噻虫悬浮种衣剂、27.2％氟环・咯・噻虫悬浮种衣剂、28％噻虫胺・咯菌腈・嘧菌酯种子处理悬浮剂、29.5％丙硫菌唑・咯菌腈・噻虫胺悬浮种衣剂、30％噻虫嗪悬浮种衣剂、350克/升精甲霜灵悬浮种衣剂、35克/升咯菌・精甲霜悬浮种衣剂、40％溴酰・噻虫嗪悬浮种衣剂、60％吡虫啉悬浮种衣剂、600克/升噻虫胺・吡虫啉种子处理悬浮剂、62.5克/升精甲・咯菌腈悬浮种衣剂、7％丙环・嘧菌酯悬浮种衣剂、9％氟环・咯・苯甲悬浮种衣剂。

杀虫剂（43种）：1％联苯・噻虫嗪颗粒剂、1.8％阿维菌素微乳剂、1.8％阿维菌素乳油、10％阿维・氟啶胺微乳剂、10％呋虫胺可溶液剂、10％烯啶虫胺可溶液剂、100克/升溴虫氟苯双酰胺悬浮剂、11.6％甲维・氯虫悬浮剂、15％多杀茚虫威悬浮剂、20％多杀霉素悬浮剂、20％氟啶虫酰胺悬浮剂、20％三氟苯嘧啶水分散粒剂、20％三氟苯嘧啶悬浮剂、20％四唑虫酰胺悬浮剂、20％乙螨唑悬浮剂、200亿孢子/克球孢白僵菌可分散油悬浮剂、22％噻虫・高氯氟微囊悬浮-悬浮剂、22.4％螺虫乙酯悬浮剂、

24％甲氧虫酰肼悬浮剂、24％联苯肼酯悬浮剂、240 克/升虫螨腈悬浮剂、25％吡蚜酮悬浮剂、25％乙基多杀菌素水分散粒剂、25 克/升联苯菊酯乳油、3％甲氨基阿维菌素水分散粒剂、3.4％甲维盐微乳剂、30％噻虫嗪水分散粒剂、30％乙唑螨腈悬浮剂、30％茚虫威水分散粒剂、40％哒螨·乙螨唑悬浮剂、40％啶虫脒水分散粒剂、40％氯虫·噻虫嗪水分散粒剂、43％联苯肼酯悬浮剂、5％高效氯氟氰菊酯水乳剂、5％氯虫苯甲酰胺悬浮剂、50％吡蚜酮水分散粒剂、50％氟啶虫胺腈水分散粒剂、50 克/升双丙环虫酯可分散液剂、6％氯虫·阿维菌素悬浮剂、60％呋虫胺·吡蚜酮水分散粒剂、70％吡虫啉水分散粒剂、99％矿物油乳油、2 亿孢子/克金龟子绿僵菌 CQMa421 颗粒剂。

杀菌剂（49 种）：10％叶菌唑悬浮剂、15％丙环唑·氰烯菌酯可溶液剂、15％戊唑醇·嘧菌酯微乳剂、15％叶菌唑·苯醚甲环唑悬浮剂、17％咪鲜·杀螟单可湿性粉剂、18.7％丙环·嘧菌酯悬浮剂、19％啶氧菌酯·丙环唑悬浮剂、2％春雷霉素水剂、20％氟唑菌酰羟胺悬浮剂、22％春雷·三环唑悬浮剂、23％醚菌·氟环唑悬浮剂、23％噻霉酮·嘧菌酯悬浮剂、240 克/升氯氟醚·吡唑酯乳油、25％吡唑醚菌酯乳油、25％氰烯菌酯悬浮剂、250 克/升苯醚甲环唑乳油、27％噻呋酰胺·噻霉酮悬浮剂、27％噻霉酮·戊唑醇水乳剂、27％三环·己唑醇悬浮剂、3％噻霉酮微乳剂、30％苯醚甲环唑·丙环唑乳油、30％肟菌·戊唑醇悬浮剂、325 克/升苯甲嘧菌酯悬浮剂、325 克/升丙硫菌唑·肟菌酯悬浮剂、36％春雷霉素悬浮剂、40％丙硫菌唑·戊唑醇悬浮剂、40％丙硫菌唑·氟吡菌酰胺悬浮剂、40％丙硫菌唑·氟嘧菌酯悬浮剂、40％丙硫菌唑·戊唑醇悬浮剂、40％稻瘟·三环唑悬浮剂、40％氟吡菌酰胺·戊唑醇悬浮剂、40％嘧菌·戊唑醇悬浮剂、40％嘧菌酯·稻瘟酰胺悬浮剂、40％噻呋·己唑醇悬浮剂、40％噻唑锌悬浮剂、40％戊唑醇·咪鲜胺水乳剂、40％吡唑醚菌酯·丙硫菌唑悬浮剂、400 克/升氯氟醚菌唑悬浮剂、430 克/升戊唑醇悬浮剂、45％春雷·喹啉铜悬浮剂、47％春雷·王铜可湿性粉剂、480 克/升氰烯·戊唑醇悬浮剂、5％氨基寡糖素可溶液剂、50％氯溴异氰尿酸可溶粉剂、70％丙森锌可湿性粉剂、75％吡唑·丙森锌可湿性粉剂、75％肟菌酯·戊唑醇悬浮剂、8％叶菌唑悬浮剂、9％吡唑醚菌酯微囊悬浮剂。

除草剂（25 种）：10％精喹禾灵乳油、13％氰氟·吡啶酯乳油、19％氟酮磺草胺悬浮剂、20％噁唑酰草胺乳油、200 克/升草铵膦水剂、24％烯草酮乳油、250 克/升氟磺胺草醚水剂、26％噁草酮乳油、26％噻酮·异噁唑悬浮剂、3％氯氟吡啶酯乳油、30％苯唑草酮悬浮剂、30％丙草胺乳油、30％丙草胺乳油、33％精异丙甲草胺·丙炔氟草胺微囊悬浮-悬浮剂、35％丙炔噁草酮·丁草胺水乳剂、40％砜吡草唑悬浮剂、45％精异丙甲草胺微囊悬浮剂、480克/升灭草松水剂、480克/升嗪草酮悬浮剂、5％唑啉草酯乳油、50％丙草胺乳油、75％噻吩磺隆水分散粒剂、80％砜吡草唑·嗪草酮水分散粒剂、80％唑嘧磺草胺水分散粒剂、960克/升精异丙甲草胺乳油。

植物生长调节剂（16种）：0.01％芸苔素内酯可溶液剂、0.1％S-诱抗素水剂、0.1％三十烷醇微乳剂、0.136％赤·吲乙·芸苔可湿性粉剂、0.16％14-羟芸·噻苯隆可溶液剂、0.4％糠氨基嘌呤水剂、0.5％噻苯隆可溶液剂、1.2％吲哚丁酸水剂、15％烯效唑·调环酸钙水分散粒剂、2％苄氨基嘌呤可溶液剂、5％甲哌鎓悬浮剂、25％多效唑悬浮剂、30％氯化胆碱可溶液剂、5％调环酸钙水分散粒剂、5％烯效唑可湿性粉剂、8％胺鲜酯水剂。

二、农药械使用技术示范推广

1. 新产品、新技术农药减量技术示范

2023年，全国农业技术推广服务中心以提高重大病虫草害防效、大面积提升单产为目标，针对粮食作物和油料作物重大病虫草害开展新产品、新技术集成示范，建立新农药展示、作物全程病虫草害综合解决方案、植物健康提质增产示范和安全用药技术试验示范点（区）240多个，涉及农药新品种、新剂型（缓释药剂等）和新助剂（喷雾助剂等）160多个，加快农药新产品、新技术推广，有效提高重大病虫草害科学防控技术水平。其中植物生长调节剂＋杀菌（虫）剂＋喷雾助剂的作物健康与提质增产（效）示范89个，在水稻、小麦、玉米等作物开展，各示范区化学农药使用总量减少20％以上，农作物产量提升10％～15％。通过示范展示，选出一批环境友好型绿色农药替代传统农药，集成了一批绿色防控、农药减量技术模式。

2. 高效植保机械农药减量作业技术示范

在山东、河北等省开展植保机械全程标准化作业试验示范9个，在前两年的试验基础上，今年增加了植保无人机与喷杆喷雾机的对比性能测试。结果显示，植保无人机每亩1～1.5升与喷杆喷雾机每亩10升的施药液量均能够满足大田作物的病虫害防治要求，喷杆喷雾机的防效优于植保无人机。针对水稻田杂草、柑橘红蜘蛛等主要病虫害大面积防控，组织开展植保无人机联合试验，累计安排试验40余个，涵盖植保无人机4

种、农药制剂9种、农药助剂15种，筛选出植保无人机、药剂和助剂联合使用的最优组合和最佳作业参数，为制定无人机集成使用技术提供数据支撑。据统计，2023年全国在用的植保无人机约20万架，总防治面积21亿亩次。

三、重要病虫草害抗药性监测治理

2023年全国农业技术推广服务中心联合全国各级植物保护机构、第六届全国农业有害生物抗药性风险评估与对策专家组，继续在北京等26个省（自治区、直辖市）的260余个监测点监测了25种主要农业有害生物对48种主流农药的抗药性，其中一类农作物病虫害11种、二类农作物病虫害10种、其他类农作物病虫害4种。

（一）监测种类与方法

监测病虫害种类、农药品种、监测方法、敏感基线及监测地区见表5-1，病虫害抗药性水平分级见表5-2。

表5-1 监测病虫害种类、农药品种、监测方法、敏感基线依据及监测地区

作物	病虫害	农药品种	监测方法	敏感基线依据	监测地区
水稻	褐飞虱	吡虫啉、烯啶虫胺、噻虫嗪、呋虫胺、氟啶虫胺腈、三氟苯嘧啶、噻嗪酮、毒死蜱、吡蚜酮	稻茎浸渍法 稻苗浸渍法	NY/T 1708—2009	上海金山；江苏通州；浙江富阳、龙游；安徽庐江，芜湖；福建福清；江西上高，九江；湖北当阳、新洲，荆州；湖南长沙；广东恩平；广西南宁，永福；重庆北碚
	白背飞虱	吡虫啉、烯啶虫胺、噻虫嗪、呋虫胺、氟啶虫胺腈、噻嗪酮、毒死蜱、吡蚜酮	稻茎浸渍法	NY/T 3159—2017	江苏盐城，通州；浙江富阳；福建永安；江西南昌；湖北荆州、枝江、仙桃、潜江；湖南长沙；广西南宁，永福；四川叙永；贵州惠水
	灰飞虱	烯啶虫胺、噻虫嗪、毒死蜱、吡蚜酮	稻苗浸渍法	NY/T 2622—2014	江苏盐城，仪征；安徽庐江；浙江长兴

（续）

作物	病虫害	农药品种	监测方法	敏感基线依据	监测地区
水稻	稻纵卷叶螟	氯虫苯甲酰胺、甲氨基阿维菌素苯甲酸盐、茚虫威	稻苗浸渍法	南京农业大学提供	江苏通州、宜兴；浙江诸暨，海盐；安徽无为、凤台；江西峡江、宁都；湖北蕲春；湖南望城；广东恩平；广西兴安
	二化螟	氯虫苯甲酰胺、阿维菌素、三唑磷、毒死蜱	点滴法 稻苗浸渍法	NY/T 2058—2014	江苏仪征、姜堰；浙江象山、温岭、余姚、婺城、诸暨、瑞安、余杭；安徽无为、潜山、桐城、庐江；江西上高、南城、南昌；湖北荆州，安陆；湖南东安、浏阳、攸县、芷江；四川富顺、犍为
	稻瘟病	吡唑醚菌酯、嘧菌酯	菌丝生长速率抑制法	中国农业大学提供	吉林长春；辽宁盘锦；浙江衢州；安徽池州；福建南平；湖北孝感；湖南益阳
	恶苗病	氰烯菌酯	菌丝生长速率抑制法	中国农业大学提供	黑龙江北林、庆安、阿城、尚志，佳木斯，建三江垦区；辽宁盘锦；江苏仪征，苏州、南通、南京；浙江诸暨；安徽潜山；湖北孝感
	稗草	五氟磺草胺、氰氟草酯、噁唑酰草胺、二氯喹啉酸	整株栽培法	NY/T 2728—2015	黑龙江通河、五常、方正；吉林德惠、前郭、永吉、柳河、辉南；辽宁大洼、新民；江苏泗洪、宜兴、洪泽、姜堰、邗江；浙江温岭、萧山、诸暨、海盐、婺城；江西南昌、上饶、青山湖；湖北新洲、黄陂；湖南沅江、资阳、平江、宁乡、岳麓、长沙；四川三台
	千金子	氰氟草酯、噁唑酰草胺		湖南省农业科学院植物保护研究所提供	江苏泗洪、宜兴、洪泽、邗江、姜堰；浙江温岭、婺城、诸暨、萧山、嘉兴；湖北新洲；湖南沅江，长沙；四川三台

（续）

作物	病虫害	农药品种	监测方法	敏感基线依据	监测地区
小麦	麦蚜	吡虫啉、啶虫脒、高效氯氰菊酯、氟啶虫胺腈	玻璃管药膜法	NY/T 2726—2015	（荻草谷网蚜）北京顺义；河北涿州；山西运城；江苏扬州；山东青岛、济宁、潍坊；河南洛阳；湖北荆门、襄阳；陕西咸阳（禾谷缢管蚜）北京顺义；河北涿州，衡水、邯郸；山西运城；江苏徐州；浙江杭州、嘉兴、湖州；河南洛阳；湖北荆门；陕西咸阳
	赤霉病	多菌灵、戊唑醇、丙硫菌唑、氰烯菌酯、氟唑菌酰羟胺	菌丝生长速率抑制法	南京农业大学、浙江大学提供	河北邯郸、邢台；山西运城；江苏常州、灌南、兴化、通州、大丰、宿豫、姜堰、铜山、太仓、海安、泗洪、江阴、东台、宜兴、丹阳、高邮、宝应、张家港、沭阳、高淳、金湖、如皋、扬中、靖江、如东、泗阳、睢宁；浙江湖州、嘉兴、德清；安徽贵池、义安、潜山、太湖、宿州；山东菏泽；河南南阳、许昌、濮阳、光山、博爱、固始、平舆、驿城、淮阳、叶县、偃师、太康、获嘉、文峰
	节节麦	甲基二磺隆			河北大名、永年、景县、宁晋；山西洪洞、芮城；安徽萧县；山东沾化、邹城；河南偃师、夏邑、博爱、项城、获嘉、长垣、平舆、汝南、驿城；陕西陈仓、岐山、临渭、蒲城、兴平
	雀麦	啶磺草胺	整株生物测定法	中国农业科学院植物保护研究所提供	河北易县；山西泽州、洪洞；安徽萧县；山东沾化
	菵草	炔草酯、甲基二磺隆			江苏洪泽、阜宁、邗江、姜堰；浙江长兴、海盐、诸暨；湖北仙桃、宜城、枣阳
	多花黑麦草	炔草酯、甲基二磺隆			河南汤阴、博爱、舞钢、夏邑、获嘉、项城、平舆、汝南、驿城；陕西岐山、临渭、兴平

（续）

作物	病虫害	农药品种	监测方法	敏感基线依据	监测地区
玉米	草地贪夜蛾	氯虫苯甲酰胺、四氯虫酰胺、茚虫威、虫螨腈、乙基多杀菌素、甲氨基阿维菌素苯甲酸盐	点滴法 饲料表面涂毒法	中国农业大学、南京农业大学提供	河北永年；江苏淮安；浙江金华；安徽宿松，安庆；江西永修；福建闽侯，漳州；河南太康；湖北新洲；湖南邵东；广东花都，惠州；广西钦州；海南秀英，三亚；贵州安顺；云南宜良、玉溪；四川三台
	马唐	莠去津、烟嘧磺隆、硝磺草酮	整株生物测定法	沈阳农业大学提供	河北永年、景县；黑龙江肇州；辽宁丹东，彰武；河南滑县、镇平；四川宣汉；陕西渭南，镇巴、蒲城、兴平、旬阳、宝塔
	鸭跖草	硝磺草酮、莠去津			黑龙江讷河、穆棱；辽宁沈阳，凤城、彰武；陕西紫阳、镇巴
棉花	棉铃虫	高效氯氟氰菊酯、辛硫磷、氯虫苯甲酰胺、甲氨基阿维菌素苯甲酸盐、茚虫威	浸叶接虫法 饲料表面涂毒法	NY/T 2916—2016 南京农业大学提供	河北南皮、故城；山西盐湖；江苏大丰；安徽安庆；山东广饶、夏津；河南杞县、唐河，安阳；湖北荆州；新疆沙湾
	棉蚜	高效氯氰菊酯、溴氰菊酯、吡虫啉、丁硫克百威、双丙环虫酯、氟啶虫胺腈、氟啶虫酰胺	浸叶接虫法	中国农业大学提供	河北衡水；山东东营、滕州；湖北荆州；新疆胡杨河、精河、奎屯、石河子、新和
蔬菜	豆大蓟马	乙基多杀菌素、甲氨基阿维菌素苯甲酸盐、虫螨腈、氟啶虫胺腈	果皿药膜法	中国农业科学院蔬菜花卉研究所提供	福建漳州；广东广州；广西合浦、鹿寨；海南乐东、崖州、天涯、万宁、澄迈；云南耿马，西双版纳
	西花蓟马	多杀霉素、乙基多杀菌素、甲氨基阿维菌素苯甲酸盐、虫螨腈、噻虫嗪、溴虫氟苯双酰胺	叶管药膜法	NY/T 3680—2020	北京昌平、海淀、通州、延庆、顺义；河北张家口；河南原阳；云南昆明

（续）

作物	病虫害	农药品种	监测方法	敏感基线依据	监测地区
蔬菜	番茄潜叶蛾	四唑虫酰胺、乙基多杀菌素	叶片药膜法	北京市农林科学院植物保护环境保护研究所提供	北京昌平、密云、海淀、通州、平谷、怀柔；河北涿鹿、怀来，张家口、承德；山西运城；内蒙古包头；辽宁铁岭、沈阳、朝阳；新疆阿拉尔、乌鲁木齐
	小菜蛾	虫螨腈、高效氯氟氰菊酯、氟啶脲、茚虫威、氯虫苯甲酰胺	浸叶接虫法	NY/T 2360—2013	北京顺义；河北张北；上海崇明；江苏响水，浙江余杭；安徽肥东；山东济南
	烟粉虱	螺虫乙酯、溴氰虫酰胺、吡丙醚、阿维菌素	琼脂保湿浸叶法浸茎系统测定法	NY/T 2727—2015	北京海淀、通州；浙江湖州；安徽阜阳；山东济南；湖南岳阳、长沙；海南三亚、海口；云南元谋

表5-2　病虫害抗药性水平分级参考

病虫害种类	抗药性水平分级	评价参数	分级依据
害虫	低水平抗性	$5.0 <$抗性倍数（RR）$\leqslant 10.0$	NY/T 2058—2014
	中等水平抗性	$10.0 < RR \leqslant 100.0$	
	高水平抗性	$RR > 100.0$	
病菌	低水平抗性	$3.0 <$抗性倍数$\leqslant 10.0$（中等风险杀菌剂）	—
		$3.0 <$抗性倍数$\leqslant 20.0$（高风险杀菌剂）	
	中等水平抗性	$10.0 <$抗性倍数$\leqslant 50.0$（中等风险杀菌剂）	
		$20.0 <$抗性倍数$\leqslant 100.0$（高风险杀菌剂）	
	高水平抗性	抗性倍数> 50.0（中等风险杀菌剂）	
		抗性倍数> 100.0（高风险杀菌剂）	
杂草	低水平抗性	$1.0 <$抗性指数（RI）$\leqslant 3.0$	NY/T 3688—2020
	中等水平抗性	$3.0 < RI \leqslant 10.0$	
	高水平抗性	$RI > 10.0$	

（二）水稻病虫草害抗药性监测情况

1. 褐飞虱

监测点分布在上海等 11 省（自治区、直辖市）18 县（市、区），监测农药 9 种。监测地区种群对新烟碱类药剂吡虫啉、噻虫嗪，昆虫生长调节剂类药剂噻嗪酮为高水平抗性（RR 分别 $>2\,000$ 倍、>800 倍、$>1\,000$ 倍）。对新烟碱类药剂呋虫胺、吡啶甲亚胺类药剂吡蚜酮为中等至高水平抗性（RR 分别为 $72\sim532$ 倍、$75\sim701$ 倍），其中 16 个监测点中有 13 个监测点的种群对吡蚜酮为高水平抗性，高抗种群占比 81.3%；对新烟碱类药剂烯啶虫胺处于中等水平抗性（RR 为 $12\sim43$ 倍）。对砜亚胺类药剂氟啶虫胺腈和有机磷类药剂毒死蜱均处于低至中等水平抗性（RR 分别为 $5.1\sim31$ 倍、$6.0\sim49$ 倍）。对介离子类药剂三氟苯嘧啶处于敏感至中等水平抗性（RR 为 $1.8\sim17$ 倍）。与 2022 年相比，褐飞虱种群对吡蚜酮、呋虫胺的抗性水平继续提高，最高抗性倍数由 226 倍、153 倍分别增长至 701 倍、532 倍，对三氟苯嘧啶由低水平抗性上升至中等水平抗性，其他药剂抗性倍数无显著变化。

各水稻主产区应停止使用吡虫啉、噻虫嗪、噻嗪酮等药剂；在不同区域之间、褐飞虱上下代之间，轮换使用呋虫胺、三氟苯嘧啶、烯啶虫胺、氟啶虫胺腈、毒死蜱等不同作用机理的药剂，每种药剂每季水稻限用 1 次；与其他速效性药剂混配使用吡蚜酮。同时，应加大抗性监测力度，做好科学用药、轮换用药指导，延缓抗药性发展。

2. 白背飞虱

监测点分布在江苏等 9 省（自治区、直辖市）15 县（市、区），监测农药 8 种。监测地区种群对昆虫生长调节剂类药剂噻嗪酮为中等至高水平抗性（RR 为 $56\sim366$ 倍）。对有机磷类药剂毒死蜱为中等水平抗性（RR 为 $22\sim85$ 倍）。对新烟碱类药剂吡虫啉、噻虫嗪、呋虫胺，吡啶甲亚胺类药剂吡蚜酮均为低至中等水平抗性（RR 分别为 $9.7\sim32$ 倍、$8.8\sim24$ 倍、$5.3\sim20$ 倍、$6.2\sim18$ 倍）。对氟啶虫胺腈为敏感至低水平抗性（RR 为 $1.7\sim9.0$ 倍）。对烯啶虫胺敏感（$RR<5$ 倍）。与 2022 年相比，白背飞虱种群对吡虫啉、噻虫嗪、呋虫胺、吡蚜酮由敏感至中等水平抗性上升为低至中等水平抗性，其他药剂抗性倍数无显著变化。

由于白背飞虱和褐飞虱常混合发生，各水稻主产区在防治白背飞虱时，应停止使用噻嗪酮；每季水稻限用 1 次吡虫啉或噻虫嗪；轮换使用烯啶虫胺、呋虫胺、氟啶虫胺腈等不同作用机理的药剂，延缓抗药性发展。

3. 灰飞虱

监测点分布在江苏等 3 省（自治区、直辖市）4 县（市、区），监测农药 4 种。监测地区种群对毒死蜱为中等水平抗性（RR 为 21～50 倍）。对新烟碱类药剂烯啶虫胺、噻虫嗪，吡啶甲亚胺类药剂吡蚜酮均为敏感至低水平抗性（RR 分别为 2.0～5.2 倍、2.2～6.7 倍、2.2～9.9 倍）。与 2022 年相比，灰飞虱对吡蚜酮由敏感上升至敏感至低水平抗性，其他药剂抗性倍数无显著变化。

各水稻主产区每季水稻限用 1 次毒死蜱；轮换使用吡蚜酮、烯啶虫胺、噻虫嗪等不同作用机理的药剂，延缓抗药性发展。同时，在灰飞虱与褐飞虱混合发生时，不宜使用噻虫嗪开展防治。

4. 稻纵卷叶螟

监测点分布在江苏等 8 省（自治区、直辖市）12 县（市、区），监测农药 3 种。监测地区种群对双酰胺类药剂氯虫苯甲酰胺为中等至高水平抗性（RR 为 39～124 倍），其中广东恩平，广西兴安，安徽无为、凤台，浙江海盐种群为高抗，且多地田间试验表明，氯虫苯甲酰胺药后 7 天、14 天对稻纵卷叶螟的防效已低于 80%。对甲氨基阿维菌素苯甲酸盐为低至中等水平抗性（RR 为 5.6～34 倍）。对茚虫威敏感（RR＜5 倍）。与 2022 年相比，稻纵卷叶螟对氯虫苯甲酰胺的抗性持续呈上升态势，其他药剂抗性倍数无显著变化。

华南稻区应暂停使用氯虫苯甲酰胺等双酰胺类药剂，其他稻区每季水稻限用 1 次。各水稻主产区在不同区域之间、稻纵卷叶螟上下代之间，应轮换使用茚虫威、乙基多杀菌素、甲氨基阿维菌素苯甲酸盐等不同作用机理的药剂，延缓抗药性发展。

5. 二化螟

监测点分布在浙江等 7 省（自治区、直辖市）24 县（市、区），监测农药 4 种。监测地区种群对双酰胺类药剂氯虫苯甲酰胺为敏感至高水平抗性（RR 为 1.7～2 706 倍），且抗性分布呈现明显的地域性特征，其中江西、浙江、湖南、安徽、湖北种群为高水平抗性（RR 为 112～2 706 倍），占监测种群的 83.3%，四川、江苏种群为敏感至低水平抗性（RR 为 1.7～6.4 倍）。对阿维菌素为敏感至高水平抗性（RR 为 1.2～313 倍），其中江西南昌，南城；湖南攸县、东安；浙江瑞安种群为高水平抗性（RR 为 108～313

倍）。对有机磷类药剂三唑磷、毒死蜱为敏感至中等水平抗性（RR 分别为 1.3～54 倍、2.5～29 倍）。与 2022 年相比，二化螟对氯虫苯甲酰胺高水平抗性区域已由浙江、江西、湖南等双季稻区扩展至安徽、湖北等单季稻区，抗性水平继续升高；其他药剂抗性倍数无显著变化。

对于高水平抗性地区（主要为单双季稻混栽区），应停止使用氯虫苯甲酰胺、阿维菌素等药剂；对于中抗及以下地区，每季水稻限用 1 次氯虫苯甲酰胺、阿维菌素、三唑磷、毒死蜱等药剂。各水稻主产区应轮换使用乙基多杀菌素等药剂，并在低茬收割、深水灭蛹、性诱控杀等非化学防控基础上，更加注重带药移栽技术防控早期二化螟，治早治小，减轻后期防控压力，减少农药用量。

6. 稻瘟病

监测点分布在吉林等 7 省（自治区、直辖市）7 县（市、区），从采集的水稻病样上分离纯化得到稻瘟病菌菌株 127 株，监测农药 2 种。监测地区菌株对吡唑醚菌酯、嘧菌酯敏感，低抗菌株占比 2.3%（浙江、湖北、湖南等省份部分菌株），但菌株对吡唑醚菌酯和嘧菌酯具有交互抗性。与 2022 年相比，抗性菌株占比无变化。

甲氧基丙烯酸酯类杀菌剂主要作用于细胞色素 bc1 复合物，抑制病原菌 ATP 的产生，应用范围广泛，但其作用位点单一，病原菌易产生抗药性，理论抗性风险较高。各水稻主产区应轮换使用吡唑醚菌酯、嘧菌酯、稻瘟灵、三环唑、咪鲜胺等不同作用机理的药剂，延缓抗药性发展。

7. 水稻恶苗病

监测点分布在黑龙江等 6 省（自治区、直辖市）14 县（市、区），从采集的水稻病样上分离纯化得到水稻恶苗病菌菌株 284 株，监测农药 1 种。监测地区菌株对氰烯菌酯为敏感至高水平抗性（平均抗性倍数为 0～406 倍），且抗性分布呈现明显的地域性特征，其中黑龙江、辽宁、安徽的高抗种群占比分别为 50%、56%、100%，平均抗性倍数为 181～406 倍，抗性形势非常严峻；江苏、浙江、湖北的中抗种群占比分别为 30%、12%、56%，平均抗性倍数为 19～40 倍，抗性水平持续提升。与 2022 年相比，水稻恶苗病菌株对氰烯菌酯的抗性持续上升。

高抗地区应停止使用氰烯菌酯及其复配药剂；其他地区每季水稻限用 1 次氰烯菌酯；各地区应轮换或混配使用戊唑醇、咪鲜胺、咯菌腈等不同作用机理的药剂，延缓抗药性发展。

8. 稻田杂草

（1）稗草。 监测点分布在辽宁等 9 省（自治区、直辖市）33 县（市、区），监测农药 4 种。

①五氟磺草胺。从稻田中采集稗草种群 200 个，经检测，低、中、高抗种群共计 171 个，占比 85.5%，其中高抗种群 82 个，占比 41.0%。除辽宁外，其余 8 省（自治区、直辖市）的抗性种群占比均超过六成，为 60.7%～100%；湖南、江西、黑龙江的抗性种群占比分别为 100%、100%、93.3%，高抗种群占比分别为 65.7%、70.0%、46.7%；上海的中抗种群占比 100%，抗性发生非常严重；湖北、吉林、江苏、浙江的中、高抗种群占比之和均超过 50%，抗性持续上升风险高。与 2022 年相比，高抗种群占比继续提高，抗性总体呈上升态势。

②二氯喹啉酸。从稻田中采集稗草种群 187 个，经检测，低、中、高抗种群共计 155 个，占比 82.9%，其中高抗种群 85 个，占比 45.5%；江西、湖北、湖南、黑龙江、江苏的高抗种群占比分别为 100.0%、75.0%、48.2%、46.7%、42.4%，抗性发生非常严重；辽宁、吉林的低、中抗种群占比之和分别为 71.4%、66.7%，抗性持续上升风险高。与 2022 年相比，高抗种群占比提高。

③氰氟草酯。从稻田中采集稗草种群 188 个，经检测，低、中、高抗种群共计 114 个，占比 60.6%，其中低抗种群 92 个，占比 48.9%；江西、黑龙江、辽宁的中、高抗种群占比之和分别为 40.0%、33.4%、28.6%，抗性发生较重；湖南、四川、吉林、浙江的低抗种群占比分别为 66.7%、60.0%、57.1%、53.6%，抗性上升风险高。与 2022 年相比，抗性指数无显著变化。

④噁唑酰草胺。从稻田中采集稗草种群 184 个，低、中、高抗种群共计 108 个，占比 58.7%；浙江、四川的高抗种群占比分别为 100.0%、46.7%，抗性发生较重；上海、黑龙江、湖北的低、中抗种群占比之和分别为 80.0%、57.1%、50.0%，抗性上升风险高。与 2022 年相比，抗性种群占比显著增高。治理对策：高抗地区应相应地停止使用五氟磺草胺、二氯喹啉酸、氰氟草酯、噁唑酰草胺；非高抗地区每季水稻限用 1 次上述药剂；轮换使用其他机理的药剂，延缓抗药性发展。

（2）千金子。 监测点分布在江苏等 5 省（自治区、直辖市）14 县（市、区），监测农药 2 种。

①氰氟草酯。从稻田中采集千金子种群 93 个，其中低、中、高抗种群共计 45 个、

占比 48.4%；其中，四川、江苏、浙江、湖北的高抗种群占比分别为 23.3%、17.5%、11.1%、10.0%，抗性水平持续上升的风险较高。与 2022 年相比，抗性种群占比有所下降，但长江中下游稻区的千金子种群对氰氟草酯仍存在较高的抗药性风险。

②噁唑酰草胺。从稻田中采集千金子种群 88 个，其中低、中、高抗种群共计 77 个，占比 87.5%，抗性发生较为普遍；江苏、四川的高抗种群占比分别为 52.6%、50.0%，抗性发生严重；湖南、浙江的中抗种群占比分别为 75.0%、32.1%，抗性持续上升风险高。与 2022 年相比，抗性种群占比提高。

四川、江苏等地应停止使用噁唑酰草胺，每季水稻限用 1 次氰氟草酯；各地区应轮换使用氯氟吡啶酯、三唑磺草酮等不同作用机理的药剂，同时，更加注重土壤封闭处理，突出治早治小，减轻茎叶处理压力。

（三）小麦病虫草害抗药性监测情况

1. 麦蚜

（1）荻草谷网蚜。 监测点分布在浙江等 8 省（自治区、直辖市）11 县（市、区），监测农药 4 种。监测地区种群对氟啶虫胺腈为中等至高水平抗性（RR 为 12～328 倍），其中山东潍坊种群为高水平抗性（RR 为 328 倍）；对吡虫啉、啶虫脒为低至中等水平抗性（RR 分别为 6.7～45 倍、5.6～33 倍），其中北京顺义、河北涿州、山西运城、湖北襄阳种群均为中等水平抗性；对高效氯氰菊酯为敏感至低水平抗性（1.0～8.8 倍）。与 2022 年相比，麦长管蚜种群对吡虫啉、啶虫脒、氟啶虫胺腈的抗性倍数增加。

（2）禾谷缢管蚜。 监测点分布在浙江等 8 省（自治区、直辖市）12 县（市、区），监测农药 4 种。监测地区种群对氟啶虫胺腈为敏感至低水平抗性（RR 为 1.2～9.3 倍）；对吡虫啉、啶虫脒、高效氯氰菊酯敏感（$RR<5$ 倍）。与 2022 年相比，禾谷缢管蚜对以上药剂的抗性倍数无显著性变化。

对于高抗、中抗地区，在小麦拌种时，应限制使用吡虫啉，轮换使用噻虫嗪、噻虫胺、辛硫磷等药剂；在茎叶喷雾时，轮换使用高效氯氰菊酯、吡蚜酮、氟啶虫酰胺等不同作用机理的药剂，采取分区施药策略，延缓抗药性发展。

2. 小麦赤霉病

从江苏等 7 省（自治区、直辖市）56 县（市、区）采集的稻桩或小麦病穗上分离得到小麦赤霉病菌菌株 11 191 株，全部用于抗性检测，监测农药 5 种。监测地区病菌对多菌灵有抗性的菌株占比 13.6%，其中江苏种群内抗性菌株占比最高（18.6%），浙江、安徽种群内的抗性菌株占比次之（分别为 11.6%、4.1%），且均以中抗为主；对戊唑醇有抗性的菌株占比为 1.0%，其中河北、山东种群内的抗性菌株占比分别为 8.2%、7.2%，占比最高；对丙硫菌唑有抗性的菌株占比为 1.1%，其中山东种群内的抗性菌株占比最高，为 3.6%；未检测到对氰烯菌酯或氟唑菌酰羟胺有抗性的菌株。与 2022 年相比，小麦赤霉病的抗性总体变化不大。对于抗性较普遍的江苏、安徽、浙江等省份，应暂停使用多菌灵及其复配药剂；各地区每季小麦限用 1 次氰烯菌酯、氟唑菌酰羟胺、丙硫菌唑、戊唑醇、咪鲜胺等不同作用机理的药剂。

3. 麦田杂草

（1）节节麦。监测点分布在河南等 6 省（自治区、直辖市）23 县（市、区），采集节节麦种群 120 个，监测农药 1 种。监测地区种群对甲基二磺隆为敏感至高水平抗性（RI 为 1.0～15.5 倍），低、中、高抗种群共计 26 个，占比 21.7%，其中陕西、山西种群内的抗性种群占比分别为 47.6%、60%，抗性较为严重；山西临汾，陕西宝鸡、渭南部分种群已达高水平抗性。与 2022 年相比，陕西、山西种群的抗性指数上升。

（2）雀麦。监测点分布在河北等 4 省（自治区、直辖市）5 县（市、区），采集雀麦种群 39 个，监测农药 1 种。监测地区种群对啶磺草胺为敏感至中等水平抗性（RI 为 1.0～7.1 倍），以敏感种群为主，占比 76.9%，但山西临汾洪洞部分种群已达中抗水平（RI 为 5.3～7.1 倍）。与 2022 年相比，抗性指数无显著性变化。

（3）菵草。监测点分布在江苏等 3 省（自治区、直辖市）10 县（市、区），采集菵草种群 61 个，监测农药 2 种。监测地区种群对炔草酯为敏感至高水平抗性（RI 为 1～55 倍），抗性种群共计 57 个，占比 93.4%，抗性发生非常普遍，其中江苏、浙江、湖北种群内的高抗种群占比分别为 84.4%、77.8%、60.0%，抗性非常严重；对甲基二磺隆以敏感和低水平抗性为主，占比 63.9%，但湖北仙桃，江苏阜宁、邗江、洪泽种群已达高水平抗性（RI 为 11～19 倍）。与 2022 年相比，抗性指数无显著性变化。

（4）多花黑麦草。监测点分布在河南等 2 省（自治区、直辖市）12 县（市、区），采集多花黑麦草种群 63 个，监测农药 2 种。监测地区种群对炔草酯为低至高水平抗性（RI 为 2～95 倍），抗性种群占比高达 100.0%，其中高抗种群占比 63.5%，抗性发生非常严重，河南种群中、高抗种群占比 87.5%；对甲基二磺隆为敏感至高水平抗性（RI 为 1～71 倍），抗性种群占比 76.2%，抗性普遍发生，陕西、河南种群中高抗种群占比分别为 52.4%、47.5%，抗性非常严重。与 2022 年相比，抗性种群占比无显著性变化。

高抗地区应相应地停止使用甲基二磺隆、啶磺草胺、炔草酯等药剂；其他地区每季小麦限用 1 次上述药剂，应轮换使用不同作用机理的药剂。同时，在物理、农业等控草措施的基础上，各地区应更加注重土壤封闭处理，压低杂草发生基数，减轻茎叶处理压力。

（四）玉米病虫草害抗药性监测情况

1. 草地贪夜蛾

监测点分布在河北等 15 省（自治区、直辖市）20 县（市、区），监测农药 6 种。监测地区种群对乙基多杀菌素为敏感至低水平抗性（RR 为 2.0～6.8 倍），其中河南太康、云南宜良种群已产生低水平抗性（RR 分别为 6.8 倍、5.9 倍）；对茚虫威、甲氨基阿维菌素苯甲酸盐、氯虫苯甲酰胺、四氯虫酰胺、虫螨腈均敏感（$RR < 5$ 倍）。与 2022 年相比，抗性倍数无显著性差异。

在西南、华南周年繁殖区，应限制乙基多杀菌素的使用次数，防止抗药性继续上升；其他地区在发生初期，应优先选用性诱剂、微生物农药等防控，在发生高峰期，每季玉米限用 1 次氯虫苯甲酰胺、乙基多杀菌素、虱螨脲等不同作用机理的药剂；同时应持续开展草地贪夜蛾抗药性监测。

2 玉米田杂草

（1）马唐。监测点分布在河北等 6 省（自治区、直辖市）14 县（市、区），采集马唐种群 115 个，监测农药 3 种。监测地区种群对烟嘧磺隆为敏感至高水平抗性（$RI ≤ 11$ 倍），抗性种群占比 50.1%，其中辽宁彰武种群为高水平抗性（RI 为 11 倍）；对硝磺草酮为敏感至高水平抗性（$RI ≤ 17$ 倍），抗性种群占比 68.7%，其中陕西兴平、辽宁彰武种群为高水平抗性（RI 分别为 17 倍、14 倍）；对莠去津为敏感至高水平抗性（$RI ≤ 14$ 倍），抗性种群占比 70.4%，其中辽宁彰武、陕西兴平种群为高水平抗性（RI 分别为 14 倍、10 倍）。与 2022 年相比，抗性指数无显著性变化。

（2）鸭跖草。监测点分布在辽宁等 3 省（自治区、直辖市）7 县（市、区），采集得到鸭跖草种群 39 个，监测农药 2 种。监测地区种群对硝磺草酮为敏感至高水平抗性（$RI ≤ 10$ 倍），抗性种群占比 79.4%，其中辽宁、黑龙江、陕西等省抗性种群占比均大于70%，且黑龙江穆棱、辽宁凤城种群为高水平抗性（RI 均为 10 倍）；对莠去津为敏感至高水平抗性（$RI \leqslant 11$ 倍），抗性种群占比 74.3%，其中辽宁种群抗性较重，中抗种群占比大于 60%，且辽宁彰武种群为高抗（$RI = 11$ 倍）。与 2022 年相比，抗性指数无显著性变化。

高抗地区应暂停使用烟嘧磺隆、硝磺草酮、莠去津等药剂；各地区应轮换使用苯唑草酮、氨唑草酮、环磺酮等防治马唐，轮换使用氯氟吡氧乙酸、二氯吡啶酸、嗪草酸甲酯等防治鸭跖草。同时，应更加注重土壤封闭处理，减轻茎叶处理压力。

（五）棉花病虫草害抗药性监测情况

1. 棉铃虫

监测点分布在 8 省（自治区、直辖市）12 县（市、区），监测农药 5 种。

①华北棉区。监测地区种群对高效氯氟氰菊酯、氯虫苯甲酰胺为中等至高水平抗性（RR 分别为 64～430 倍、35～165 倍），除河南杞县种群外，其余种群均对高效氯氟氰菊酯高抗，且山东夏津种群对氯虫苯甲酰胺也为高抗；对辛硫磷、茚虫威为中等水平抗性（RR 分别为 19～44 倍、11～38 倍），抗性普遍发生；对甲氨基阿维菌素苯甲酸盐为敏感至中等水平抗性（RR 为 2～22 倍），其中河南唐河、安阳种群为中抗。与 2022 年相比，对高效氯氟氰菊酯、氯虫苯甲酰胺的抗性水平上升。

②长江流域棉区。监测种群对高效氯氟氰菊酯为中等水平抗性（RR 为 13～16 倍）；对辛硫磷、氯虫苯甲酰胺、甲氨基阿维菌素苯甲酸盐、茚虫威均敏感（$RR < 5$ 倍）。与 2022 年相比，抗性倍数无显著变化。

③新疆棉区。监测种群对高效氯氟氰菊酯、辛硫磷、氯虫苯甲酰胺、甲氨基阿维菌素苯甲酸盐、茚虫威均敏感（$RR < 5$ 倍）。与 2022 年相比，抗性倍数水平无显著性变化。

棉铃虫具有适应性强、繁殖力强的特点，各地要采取综合治理措施，注重低龄幼虫期施药。华北棉区高抗地区应暂停使用高效氯氟氰菊酯，每季棉花限用 1 次有机磷类、双酰胺类药剂；长江流域棉区应限制使用拟除虫菊酯类药剂；各地区应轮换使用上述药剂。

2. 棉蚜

监测点分布在河北等 4 省（自治区、直辖市）10 县（市、区），监测农药 7 种。监测地区种群对拟除虫菊酯类药剂高效氯氰菊酯、溴氰菊酯，新烟碱类药剂吡虫啉均为高水平抗性（RR 分别 >10 000 倍、>4 500 倍、>200 倍）；对氨基甲酸酯类药剂丁硫克百威为中等至高水平抗性（*RR* 为 22～122 倍），其中河北衡水，新疆兵团第七师 124 团以及新和、胡杨河、精河种群为高水平抗性（*RR* 为 106～122 倍）；对双丙环虫酯、氟啶虫胺腈为低至中等水平抗性（*RR* 分别为 5.4～36 倍、5.1～59 倍），其中河北衡水、山东滕州、湖北荆州为中等水平抗性；对氟啶虫酰胺处于敏感至中等水平抗性（*RR* 为 1.8～20 倍）。与 2022 年监测结果相比，抗性倍数无显著性变化。

各地区应停止使用高效氯氰菊酯、溴氰菊酯、吡虫啉等药剂；河北、新疆等高抗地区停止使用丁硫克百威等氨基甲酸酯类药剂；每季棉花限用 1 次双丙环虫酯、氟啶虫胺腈、氟啶虫酰胺等不同作用机理的药剂。

（六）蔬菜病虫草害抗药性监测情况

1. 豆大蓟马

监测点分布在海南等 5 省（自治区、直辖市）12 县（市、区），监测农药 4 种。监测地区种群对甲氨基阿维菌素苯甲酸盐为敏感至高水平抗性（*RR* 为 1.9～115 倍），其中福建南靖种群为高水平抗性（*RR* 为 115 倍），海南三亚、海口、万宁以及乐东，广西合浦，广东广州，福建漳州等 10 个种群为中等水平抗性（相对 *RR* 为 15～76 倍），占全部种群的 58%，占比最高，海南澄迈种群为低抗；对乙基多杀菌素为敏感至中等水平抗性（*RR* 为 1.5～12 倍），其中广东广州种群为中等水平抗性，其余种群为敏感至低水平抗性；对虫螨腈处于敏感至中等水平抗性（*RR* 为 2.0～47 倍），其中海南三亚、万宁以及乐东，云南西双版纳以及耿马，广东广州，福建漳州等种群为中抗；对氟啶虫胺腈为敏感至中等水平抗性（*RR* 为 1.4～65 倍），其中海南崖州、天涯种群为中等水平抗性。

豇豆豆大蓟马对不同类型杀虫剂均已产生不同程度的抗药性，亟须开展抗性治理。各种植区应严格限制甲氨基阿维菌素苯甲酸盐和虫螨腈使用次数，每个生长季使用不超过 1 次；防治时优先选用金龟子绿僵菌、苦参碱等生物农药，注意轮换使用乙基多杀菌素等不同作用机理的化学药剂。

2. 西花蓟马

监测点分布在北京等 4 省（自治区、直辖市）8 县（市、区），监测农药 6 种。监测地区种群对乙基多杀菌素均为高水平抗性（*RR* 分别为＞130 倍）；对虫螨腈为低至高水平抗性（*RR* 为 17～1 689 倍），其中云南昆明和北京种群为高水平抗性（*RR* 为 102～

1 689 倍），抗性非常严重；对噻虫嗪为敏感至高水平抗性（*RR* 为 1～1 000 倍），其中云南昆明，北京昌平、顺义种群为高水平抗性（*RR* 为 146～1 000 倍）；对多杀霉素为低至高水平抗性（*RR* 为 12～166 倍），其中河南原阳，北京昌平、延庆种群为高水平抗性（*RR* 为 104～166 倍）；对甲氨基阿维菌素苯甲酸盐为敏感至高水平抗性（*RR* 为 3～219 倍），其中北京通州、海淀，云南昆明种群为高水平抗性（*RR* 为 105～219 倍）；对溴虫氟苯双酰胺为敏感至中等水平抗性（*RR* 为 2～14 倍），其中河南原阳种群为中抗（*RR*＝14 倍）。与 2022 年相比，西花蓟马的抗药性仍处于较高水平。

西花蓟马种群对 6 种监测农药均产生了不同程度的抗性。高抗地区应相应地停止使用乙基多杀菌素、虫螨腈、噻虫嗪等药剂；各地区每季蔬菜限用 1 次多杀霉素、噻虫嗪、甲氨基阿维菌素苯甲酸盐、溴虫氟苯双酰胺等药剂。

3. 番茄潜叶蛾

监测点分布在北京等 6 省（自治区、直辖市）17 县（市、区），监测农药 2 种。监测地区种群对四唑虫酰胺为敏感至中等水平抗性（*RR* 为 1～36 倍），其中河北怀来、北京昌平种群为中等水平抗性（*RR* 分别为 36 倍、12 倍）；对乙基多杀菌素为敏感至低水平抗性（*RR* 为 1～7 倍），其中北京密云、怀柔种群为低水平抗性（*RR* 分别为 7 倍、6 倍）。

初见番茄潜叶蛾幼虫潜道时，应轮换使用四唑虫酰胺、乙基多杀菌素等不同作用机理的药剂。

4. 小菜蛾

监测点分布在北京等 7 省（自治区、直辖市）7 县（市、区），监测农药 5 种。华北和华东监测地区种群对高效氯氟氰菊酯、氟啶脲为中等水平抗性（*RR* 分别为 58～63 倍、11～62 倍）；对氯虫苯甲酰胺、虫螨腈、茚虫威为敏感至低水平抗性（*RR* 分别为 3～8 倍、1～8 倍、1～10 倍）。与 2022 年相比，抗性倍数无显著性变化。

华北和华东地区应停止使用高效氯氟氰菊酯，每季蔬菜限用 1 次氟啶脲，轮换使用氯虫苯甲酰胺、虫螨腈、茚虫威、乙基多杀菌素、甘蓝夜蛾核多角体病毒、短尾杆菌等不同作用机理的农药。

5. 烟粉虱

监测点分布在北京等 7 省（自治区、直辖市）10 县（市、区），监测农药 3 种。监测地区烟粉虱卵对溴氰虫酰胺、螺虫乙酯为中等至高水平抗性（*RR* 分别为 82～3 910 倍、89～324 倍），其中浙江湖州种群对两种药剂均为高水平抗性（*RR* 分别为 3 910

倍、324 倍）；烟粉虱成虫对噻虫嗪为敏感至中等水平抗性（*RR* 为 1～71 倍），其中海南三亚、湖南岳阳种群为高水平抗性（*RR* 分别为 71 倍、41 倍）。与 2022 年相比，抗性倍数无显著性变化。

高抗地区应停止使用溴氰虫酰胺、螺虫乙酯等药剂；各地区应优先使用金龟子绿僵菌、球孢白僵菌、爪哇虫草菌等生物农药，每季蔬菜限用 1 次双丙环虫酯、氟吡呋喃酮、氟啶虫胺腈等不同作用机理的药剂。

四、农药使用监测与安全用药培训

（一）农药使用监测

根据《种植业农药使用调查方法》，组织各地深入开展农户终端用药情况调查，2023 年全国各省份用药调查覆盖农户 6 万余个，根据各省植保（农技）机构系统调查监测结果，全国农业技术推广服务中心对三级上报数据进行统计分析，得出 2023 年种植业各类农药使用总量，以及生物农药基本状况（表 5-3、表 5-4）。与 2022 年相比，农药使用总量继续呈下降趋势，杀鼠剂使用量增长，但用量很低。据统计，化学农药（商品）使用量前十位的分别是：草甘膦、莠去津、乙草胺、草铵膦、阿维菌素、高效氯氟氰菊酯、甲氨基阿维菌素苯甲酸盐、高效氯氰菊酯、吡虫啉、辛硫磷。农药（折百）用量前 10 位的分别是：草甘膦、乙草胺、莠去津、敌敌畏、硫酸铜、多菌灵、代森类、草铵膦、丁草胺、甲基硫菌灵。

表 5-3　全国种植业农药使用量统计表

项目\年份	2023 年		2022 年		2023 年与 2022 年相比增减	
	商品量/吨	折百量/吨	商品量/吨	折百量/吨	商品量/%	折百量/%
合计	775 909.75	242 086.13	783 194.69	245 262.89	−0.93	−1.30
杀虫杀螨剂	294 112.13	68 971.62	296 811.16	70 606.27	−0.91	−2.32
杀菌剂	165 948.22	63 031.69	165 903.16	63 442.1	0.03	−0.65
除草剂	291 773.66	105 439.63	296 520.63	106 589.62	−1.60	−1.08
生长调节剂	20 677.92	4 541.84	20 667.52	4 553	0.05	−0.25
杀鼠剂	3 397.89	101.35	3 292.28	71.91	3.21	40.94

注：因分列数据存在四舍五入，所以加和数据与总量略有偏差。

各种作物生物农药商品用量 91 078.49 吨，折百用量 9 947.08 吨，分别占农药总用量的 11.74% 和 4.11%。与 2022 年相比，商品用量增加了 3 820.74 吨，上升了 4.38%。折百用量增加了 174.70 吨，上升了 1.79%。

表 5-4 全国种植业生物农药使用量统计表

年份\n项目	2023 年		2022 年		2023 年与 2022 年相比增减	
	商品量/吨	折百量/吨	商品量/吨	折百量/吨	商品量/%	折百量/%
合计	91 078.49	9 947.08	87 257.75	9 772.38	4.38	1.79
生物化学	583.16	28.23	547.74	25.50	6.47	10.68
植物源	5 670.42	249.22	4 835.69	239.27	17.26	4.16
微生物源	68 233.60	5 213.93	67 106.74	5 058.66	1.68	3.07
生物活体	14 416.13	4 116.25	13 094.53	4 165.24	10.09	-1.18

注：因分列数据存在四舍五入，所以加和数据与总量略有偏差。

（二）农药科学安全使用培训

2023 年，全国农业技术推广服务中心继续联合全国各级植保机构、中国农药工业协会和中国农药发展与应用协会等单位共同组织开展百万农民科学安全用药培训，年初印发《2023 年百万农民科学安全用药培训实施方案》，统一采用"科学安全用药大讲堂"会标和"科学·安全·用药"标识，采用"1＋9＋N"的方式开展，即组织 1 场全国启动仪式、9 场主题培训、百场骨干培训、万场乡村培训。3 月 6 日，2023 年全国百万农民科学安全用药启动会在云南昆明召开，当地新型农业经营主体、种植大户和社会化防治服务组织共 300 余人参加启动仪式，约 6.2 万人次线上收听收看直播。培训要求，科学安全用药培训活动要围绕容易出现问题的重点作物、重点区域、重点环节，有针对性地开展专题培训；要关注病虫害抗药性的发生发展，注重科学、合理、轮换用药，扎实推进绿色防控技术落实落地；要创新培训方式，以通俗易懂的方式引导农民主动学习科学安全用药技术，严格落实安全间隔期制度，逐步提高农药使用者依法用药、科学用药、安全用药的意识和水平。据调度，全国各地区共开展线上线下培训 8.7 万场、培训人数约 889 万人次，循环播放科学安全用药等科普视频约 50 万次，张贴标语横幅等 47.1 万个，农民科学安全用药的意识和水平显著提升。

（三）农药包装废弃物回收处理

为深入贯彻落实《中华人民共和国土壤污染防治法》《农药包装废弃物回收处理管理办法》（以下简称《办法》）等法律法规要求，2023年农业农村部种植业管理司会同全国农业技术推广服务中心持续加强技术指导，引导各地强化包装废弃物回收体制机制建设、健全回收处理体系、强化宣传培训和探索市场化回收机制，深入推进农药包装废弃物回收处理，成效显著。

一是组织研讨包装技术创新和回收政策。6月，全国农业技术推广服务中心联合中国农药工业协会举办农药包装废弃物回收处理研讨会，深入交流我国农药包装废弃物回收处理工作进展，围绕农药包装技术创新、农药生产经营者义务履行、费用承担机制建设等进行了深入探讨交流，为探索建立市场化回收处理机制探索了路径、明晰了方向。

二是指导制定《农药包装废弃物回收处理指南》（以下简称《指南》）。引导行业协会、农药生产者等20家单位联合制定《农药包装废弃物回收处理指南》团体标准（T/CCPIA235—2023），并于6月5日发布实施。《指南》规定了农药包装废弃物回收处理的责任、流程和操作细则等，进一步规范了回收处理活动，为各参与主体承担农药包装废弃物回收处理义务提供了参考。

三是开展回收模式与资源化利用试点。在四川等7省（自治区、直辖市）组织开展农药包装废弃物产生、回收定点调查，进一步摸清我国农药包装废弃物产生情况。在山东等4省（自治区、直辖市）开展大包装农药回收再利用试验试点，通过"统一采购、统一防治、统一清洗、统一回收"，减少包装废弃物产生量96％，形成长效回收机制。

四是包装废弃物回收处理取得明显成效。截至2023年底，各地累计举办《办法》宣贯培训班1.5万场次、培训73.9万人次，农药生产者、经营者和使用者的回收处理意识进一步增强。各地累计设立包装废弃物回收站（点）超50万个，建设各类存储站1.67万个，公布资源化利用单位280家，比2022年分别增长5万个、0.07万个、100余家，回收处理体系进一步完善。据调度，2023年全国种植业生产累计回收农药包装废弃物5.97万吨、处理5.24万吨，比上年分别增长22.1％、40.9％，回收率78.9％，比上年提高8.5个百分点，回收处理数量持续提升。其中再利用农药大包装3 267吨，比上年增长26.2％，回收再利用水平显著提高。

五、专业化病虫害防治服务

（一）主要工作推进情况

一是组织开展专业化防治组织建档立卡工作。组织各省级植保机构收集本省各级、各类主体在使用"专业化统防统治管理系统"时发现的问题和修改意见，对各省的修改意见进行汇总整理，并对系统进行相应修改完善。利用全国药械基础数据培训班，讲解新系统的使用方法，提出工作要求。专门下发通知，通报各省建档立卡工作的开展情况，要求各地通过该管理系统完成对属地专业化防治组织建档立卡，动态管理，将专业化防治组织纳入植保体系，壮大植保体系队伍，建成"拉得出、打得赢"的专业化防治队伍，提升重大病虫害防控能力和水平以及植保体系的战斗力和影响力。要求各省搞好组织发动和督促检查，压实工作责任，确保建档立卡工作的顺利开展。各地扎实推进，完成建档立卡并在系统填报防治服务数据的防治组织数量稳步增加。

二是完成第二批专业化统防统治百强县报送和铜牌发放工作。将经专家评审并在全国农业技术推广服务中心网站进行公示的 77 个县（市、区）加上第一批评选但未发文授牌的 23 个县（市、区），共 100 个县（市、区）列为第二批"全国统防统治百强县"，报送农业农村部种植业管理司。由农业农村部种植业管理司发文公布，并制作铜牌，统一发送各县。并在中国植保信息暨农药械交易会上选择 11 个县统一授牌，扩大宣传，带动促进了各地统防统治工作的深入开展。

三是打赢夏粮"虫口夺粮"攻坚战。各小麦主产省认真贯彻《2023 年"虫口夺粮"保丰收行动方案》，加大购买服务支持力度，大力推进统防统治，提升了小麦重大病虫害防控水平和效果，实现了"虫口夺粮"保丰收。据统计，各地共购买专业化防治服务 2.18 亿亩，实施统防统治面积 6.13 亿亩次，比去年增加 8 700 万亩次，统防统治覆盖率达到 58.03%，比去年提高 1.8 个百分点。很好地体现了统防统治在打赢夏粮"虫口夺粮"攻坚战中发挥的重大作用。

四是配合种植业管理司召开统防统治与绿色防控融合推进会。要求各省植保站抓好统防统治和绿色防控的融合推进。一方面要在现有的绿色防控示范区引入专业化防治服务组织，改变一家一户农民作为防治主体的模式。另一方面要积极争取有关项目，为开展全程承包防治服务的防治组织，补贴配备绿色防控设备，引导他们采用生态治理、健康栽培、生物防治、物理防治等绿色防控技术和先进施药器械以及安全、高效、经济的农药等综合措施开展病虫害防治服务。改变"病虫防控就是用药防治"的狭隘观念，培养综合防治理念，真正将综合防治落到实处。引导专业化病虫害防治服务由初级的代防代治向承包防治发展，由单一的病虫害防治服务向农业综合服务发展。

（二）取得的工作成效

2023 年全国专业化服务组织数量 93 357 个，在农业部门建档立卡的防治服务组织达到 21 375 个，从业人员 76.3 万人，拥有大中型药械 79.89 万台，日作业能力达到 1.41 亿亩。三大粮食作物实施专业化统防统治面积达到 20.98 亿亩次，专业化统防统治覆盖率达到 45.2%，比上年提高 1.6 个百分点。各地实践表明，专业化统防统治可提高防效 5～10 个百分点，每季可减少防治 1～2 次，降低化学农药使用量 20% 以上。通过实施专业化统防统治，早、晚两季稻比农民自防亩均减损保产 200 斤以上，一季稻 150 斤以上；小麦亩均减损保产效果达 60 斤以上。

（三）基本经验与做法

1. 整合资金，加大扶持力度

安徽加强统筹农业生产救灾资金等项目资金，扶持开展专业化统防统治工作，今年全省各级财政投入小麦赤霉病防控和"一喷三防"资金 11.15 亿元，较上年增加 1.11 亿元，确保了防控工作顺利展开。山东各地充分利用农业生产救灾补助项目资金等，通过政府购买服务方式，积极开展小麦、玉米等主要粮食作物病虫害专业化统防统治；据统计，三大粮食作物病虫害统防统治面积达 2.2 亿亩次，其中小麦 1.2 亿亩次，玉米近 1 亿亩次，统防统治覆盖率达 56.1%，及时有效遏制了重大病虫蔓延和危害，保障了全省粮食丰产丰收。吉林通过政府购买服务等方式鼓励和扶持专业化病虫害防治服务组织，不断提升农作物病虫害统防统治服务能力和水平；2023 年，省级财政投入 2 000 余万元，用于开展水稻病虫害飞防作业试验试点项目，实施面积 81.25 万亩，通过示范引领，全省农作物病虫害统防统治航化作业面积达到 6 900 余万亩次。

2. 强化服务指导

黑龙江采取县市遴选推荐申报、省级综合评定相结合的方式，重点遴选发展一批规模大、装备能力强、服务水平高的专业化防治服务组织；在落实农作物重大病虫统防作业等农业重大项目时，对遴选的专业服务组织采取优先准入政策，积极引导参与农作物病虫害的统防统治；首批26个服务组织入选《黑龙江省第一批农作物病虫害专业化统防统治服务组织名单》，示范引领带动全省植保专业化统防统治服务的有序健康发展。江苏在全省范围内开展省级星级服务组织评选工作，已评选出175家省级星级服务组织；2023年在全省开展江苏省第三批农作物病虫害专业化防治星级服务组织推荐评选工作。北京市制定印发《北京市农作物病虫害专业化防治服务组织建设标准指导意见》，起草《北京市植保社会化服务提升行动方案》，积极探索蔬菜作物专业化统防统治开展模式；2023年昌平区对区内专业化防治服务组织开展土壤消毒给予50%的补贴；延庆区采取政府购买服务的方式采购蔬菜病虫害专业化防治服务，示范推广5 300亩；开发了智慧植保信息化综合服务平台，具备手机拍照识别病虫、指导各作物病虫防控等功能，为今后开展蔬菜病虫害统防统治提供了技术服务平台。河北在保定清苑、石家庄栾城和雄安安新成立了三支病虫害应急防治大队，建立了应急防控制度，统一了标识、服装，进行了演练和宣传，提升了专业化服务组织的规范化管理水平。

3. 利用重大项目，推进统防统治工作

河南充分利用"一喷三防""一喷多促"等重大项目的实施，召开全省小麦重大病虫害统防统治暨"一喷三防"现场会，印发《关于做好2023年农作物病虫害专业化统防统治工作的通知》，要求各地进一步扩大专业化统防统治规模，健全植保社会化服务体系；省植保站与相关企业联合在小麦、玉米统防统治工作中开展第三方监控平台试验，召开由植保专家、企业参加的座谈会，研判监控平台存在的问题和改进方向，争取为河南农作物病虫害统防统治监管提供一套操作简便、兼容性好、实用性强、数据可靠的监管系统。河北植保站组织小麦"一喷三防"和玉米"一喷多促"技术培训班共10期，培训防治服务组织500多个，田间作业人员3 000多人；各市县植保机构也通过专题会、现场会、培训会等形式，进行工作部署、宣传培训和组织发动，共计800多场次，4万多人参加，很好保证了"整村整乡全域统防统治作业"开展，统防统治实施面积和覆盖率大幅提升。

附　录

2023年全国植保植检工作大事记

1月

1月16—17日，种植业管理司在海南乐东举办豇豆绿色防控与科学用药培训班，培训了豇豆病虫害绿色防控技术，部署推进豇豆农残突出问题攻坚治理工作。

2月

2月9日，种植业管理司印发《关于加强豇豆病虫害防控指导的通知》，会同全国农业技术推广服务中心、农药检定所等单位，组派5个司局级干部带队的工作组，分期分批赴南方5省区开展豇豆病虫害防控和安全用药调研检查；组派6个专家组，分省包片，对接重点县，协助地方开展安全用药、绿色防控技术培训和农药安全使用指导。同时，要求南方5省区压实属地责任，组派精干力量，深入一线开展培训指导，确保专项整治措施落实落地。

2月16日，全国农业技术推广服务中心在北京组织召开了2023年度重大病虫害防控技术方案会商审定会，会商审定了全国粮食、油料、经济等作物病虫害防控等系列配套技术方案。

2月23日，种植业管理司组织启动《植物保护法》立法项目，编写相关申报材料。

2月24日，召开豇豆农药残留突出问题攻坚治理工作领导小组第二次全体会议。

2月28日，全国农业技术推广服务中心印发《2023年百万农民科学安全用药培训实施方案》，制定了2023年度百万农民科学安全用药培训的目标、培训任务、重点活动、组织方式和保障措施等，为组织实施面向广大农户的科学用药培训、提高科学用药水平发挥了重要引领作用。

3 月

3月1日，种植业管理司印发《关于提早做好小麦"一喷三防"补助政策和技术措施落实的通知》，要求各地尽早制定实施方案，做好喷防作业准备，提前安排评估效果试验，确保小麦"一喷三防"政策措施落实落地。

3月3日，农业农村部办公厅印发《2023年"虫口夺粮"保丰收行动方案》，在全国继续组织实施"虫口夺粮"保丰收行动，充分发挥植保防灾减灾在稳粮增油、推进农业全面绿色转型、种植业高质量发展等方面的作用。

3月6日，2023年全国百万农民科学安全用药培训活动启动仪式在云南昆明举行。培训活动由全国农业技术推广服务中心联合各省级植保机构、中国农药工业协会、中国农药发展与应用协会等单位共同组织，面向种植大户、合作社、防治服务组织等农药使用者，开展农药使用知识与技术培训，促进农药依法使用、科学使用、安全使用。

3月6日，全国农业技术推广服务中心组织召开"十四五"国家重点研发计划重大病虫害防控专项："农林草病虫害数字化精准监测预警技术体系构建与应用"项目启动会。会议进一步明确了项目框架立意、研究重点和技术路线，组织讨论了各课题研究任务和实施方案，为项目的顺利实施打下了坚实的基础。

3月7日，种植业管理司会同全国农业技术推广服务中心在湖南常德召开全国冬油菜防控现场会，分析研判油菜重大病虫害发生形势，部署监测防控工作。

3月7日，农业农村部发布《一类农作物病虫害名录（2023年)》（农业农村部公告第654号）。针对农作物病虫害发生新形势、新变化、新威胁，为进一步加强分类防控管理，修订发布了《一类农作物病虫害名录（2023年)》。2020年发布的《一类农作物病虫害名录》（中华人民共和国农业农村部公告第333号）同时废止。

3月16—17日，全国农业技术推广服务中心在宁夏银川召开2023年全国农业植物检疫性有害生物联合监测与防控协作组会。来自全国30个省（自治区、直辖市）植保（植检、农技）站（局、中心）的植物检疫负责人员参加会议，研讨重大植物疫情阻截防控工作。

3月20日，全国农业技术推广服务中心组织启动农作物重大病虫害防控"百千万"技术指导行动，计划分作物、分关键时段组织部级100人次、省级1 000人次和地县级10 000人次植保技术人员深入生产一线，开展农作物重大病虫害防控技术指导行动。

3月20—24日，全国农业技术推广服务中心组织有关科研教学单位和植保机构的专家，分组赴小麦主产区江苏、安徽、河南、陕西4省11县（市、区），开展春季麦田杂草发生和防治情况调研，实地考察春季麦田杂草发生危害与防治效果，指导麦田除草工作。

3月20—26日，全国农业技术推广服务中心在南京农业大学举办第四十五期全国农作物病虫测报技术培训班。来自全国30个省（自治区、直辖市）植保（植检、农技）站（局、中心）的60名测报技术人员参加培训。

3月27日，农业农村部办公厅印发《2023年农作物种子苗木检疫检查工作方案》，对重点种苗、重点基地、重点对象，在全国组织开展检疫检查行动，着力加强农作物种苗引进、生产、调运、销售等全链条检疫监管，保障国家种业安全、粮食安全和农业生产安全。

3月27—31日，农业农村部会同有关部门组成中国代表团赴意大利参加联合国粮食及农业组织植物检疫措施委员会第十七届会议，会议通过了4项国际植物检疫措施标准，审议了电子植物检疫证书，讨论了《国际植保公约》发展战略实施情况。

3月28日，全国农业技术推广服务中心在湖北武穴召开油料作物病虫害防控技术研讨会，会议要求各级植保机构强化监测预警、技术指导、绿色防控、技术研究，为夺取大豆油料作物丰收赢得主动权。

4月

4月4日，全国农业技术推广服务中心参加联合国粮农组织全球草地贪夜蛾防控行动秘书处线上举办的2023年度近东、亚太地区实施会议，并作为东北亚区域示范国家联络点，介绍了我国4年以来草地贪夜蛾发生概况，展示了执行全球行动的组织协调机制、"三区四带"防控策略、天—空—地一体化监测预警技术和IPM综合防控技术，分享了中国带动试点国家执行全球行动以及举办农民田间学校等方面的经验和成果。该报告获得联合国粮农组织植物生产及保护司司长、全球草地贪夜蛾防控行动秘书长夏敬源先生的高度认可。

4月7日，种植业管理司会同全国农业技术推广服务中心在河南邓州召开小麦条锈病防控现场会，交流豫、鄂、川、陕、甘等地小麦条锈病发生防控情况，要求各地压实属地责任，及时组织统防统治、应急防治和群防群治，严防小麦条锈病大面积流行危害。

4月11—12日，全国农业技术推广服务中心在河南郑州组织召开2023年全国小麦病虫害发生趋势会商会，交流前期小麦病虫害发生情况和监测防控技术研究进展，会商研判下阶段重大病虫害发生趋势，安排部署以小麦为主的夏粮病虫害监测预警重点工作。19个小麦主产省份测报工作负责人参会，全国农业技术推广服务中心总农艺师王积军、河南省农业农村厅二级巡视员李军出席会议并讲话。

4月24日，为贯彻落实《"十四五"全国农药产业发展规划》《到2025年化学农药减量化行动方案》等有关要求，全国农业技术推广服务中心在内蒙古呼和浩特举办2023年全国农药使用量监测调查技术培训班，组织各地交流总结好经验、好做法，分析研判农药使用面临的新形势、新问题，对农药监测调查技术进行培训，对农药监测调查工作进行再动员再部署。

4月27日，全国农业技术推广服务中心在线组织召开了2023年夏蝗发生趋势会商与防治技术研讨会，重点交流了各主要蝗区的蝗虫发生动态，会商了2023年东亚飞蝗和夏蝗的发生趋势，进一步安排部署全年蝗虫的监测防控指导工作。

5月

5月8日，全国农业技术推广服务中心在四川乐山组织召开了全国农作物病虫害绿色防控研讨会，会议要求各级植保机构加强技术引导、技术研发、技术集成、技术指导、技术创新，进一步推进农业绿色发展、加快发展方式绿色转型。

5月23日，全国农业技术推广服务中心在山东夏津举办小麦茎基腐病科学用药防控技术培训班，现场观摩新型种子处理剂对小麦茎基腐病的田间防治效果，交流各地小麦茎基腐病发生危害现状和防治技术，部署小麦茎基腐病重点防治任务。山东、河南、河北、陕西等9个省（自治区、直辖市）植保机构药械科负责人及小麦主产县代表70余人参加培训。

6月

6月12日，全国农业技术推广服务中心在浙江宁波举办农作物病虫害绿色防控技术培训班，对天敌昆虫保护及利用、昆虫性信息素应用技术、二化螟预警与治理、作物病毒病发生与防控等内容进行专题培训，达到了增加共识、凝聚力量、推动发展的目的。

7月

7月4日，种植业管理司在湖南衡阳召开水稻病虫害统防统治与绿色防控融合现场会，总结交流各地早稻病虫害防控做法和经验，分析研判中晚稻重大病虫害发生形势，动员部署监测防控工作，要求各地落实落细各项防控措施，大力推进统防统治与绿色防控融合，全力以赴实现"虫口夺粮"保丰收。

7月11—12日，全国农业技术推广服务中心在新疆巴音郭楞蒙古自治州库尔勒市组织召开了2023年全国秋粮重大病虫害发生趋势会商会。会议交流了玉米、中晚稻和马铃薯重大病虫害前期发生动态和发生特点，重点分析和研判了下半年秋粮重大病虫害发生趋势，安排部署了秋粮病虫害监测预警工作。此外，还首次开展了全国农作物病虫害智能化监测设备现场比试。

7月11—13日，全国农业技术推广服务中心与中国农业科学院植物保护研究所在新疆巴音郭楞蒙古自治州库尔勒市共同举办了2023年棉花及新疆特色农作物病虫害监控技术培训班。

7月13—14日，全国农业技术推广服务中心在湖南益阳组织召开2023年全国农田杂草治理推进会。会议组织观摩了湖南稻田抗药性杂草综合治理技术、稻田新型除草剂除草效果、大豆玉米带状复合种植田杂草防治技术等内容，谋划部署了下阶段杂草治理重点工作。中国工程院院士、湖南省农业科学院党委书记柏连阳出席会议并作报告。

7月14—24日，全国农业技术推广服务中心派出工作组赴西藏开展沙漠蝗入侵风险调研，组织开展实地指导，在当地组建应急防控队伍，做好应急防控准备，一旦发现沙漠蝗迁入，确保第一时间发现、第一时间处置。

7月17日，种植业管理司印发《关于做好境外蝗虫入侵防范工作的通知》，要求内蒙古、云南、西藏、新疆四省（自治区）的农业农村部门加强监测，严防西南边境黄脊竹蝗、沙漠蝗，西北边境亚洲飞蝗、意大利蝗，中蒙边境亚洲小车蝗、黄胫小车蝗入侵，一旦迁入确保第一时间发现、处置。

7月18日，种植业管理司在重庆南川召开西南地区水稻"两迁"害虫联防联控会议，总结交流发生防控情况，分析研判发生形势，动员部署监测防控工作。会议要求各地要立足抗灾夺丰收，压实防控属地责任，落实落细各项防控措施，全力以赴实现"虫口夺粮"保丰收。

7月25日，农业农村部办公厅印发《关于加强秋粮病虫害统防统治工作的通知》，要求各地强化组织发动、监测预警、科学防控、督促指导，大力推进秋粮病虫害统防统治，适时组织应急防控，带动群防群治，坚决遏制病虫害大面积成灾危害。同时，要求各地统筹"虫口夺粮"保丰收和安全生产风险防范，加强农药安全使用指导，确保不出现重大事故。

7月27日，种植业管理司印发《关于加强秋粮作物重大病虫害防控调研指导的通知》，组派11个工作组，采取日常联系和关键时期现场督促指导相结合的形式，加强对河北、内蒙古、黑龙江等22个秋粮生产重点省份的督促指导，协助地方做好病虫防控工作。

7月30日，种植业管理司在山东菏泽组织召开豇豆减药控残技术专题研讨会，交流专家组在豇豆主要病虫害和抗药性监测、生防技术研发和高效低毒药剂筛选、绿色防控技术和深入一线指导等方面工作进展，并明确了进一步的工作重点。

8月

8月3日，全国农业技术推广服务中心在安徽阜阳举办大豆玉米带状复合种植病虫草害科学用药防控技术培训班，现场观摩大豆玉米带状复合种植田间杂草防治效果，交流各地复合种植病虫草害科学防治技术，部署带状复合种植除草技术试验筛选和科学用药工作。

8月8日，种植业管理司在河南安阳召开黄淮海秋粮重大病虫害防控现场会，组织观摩病虫害统防统治、绿色防控现场，开展应急防治实战演练，总结交流秋粮病虫发生防控情况，分析研判下阶段重大病虫发生形势，要求各地立足抗灾夺丰收，全力以赴做好秋粮重大病虫防控工作。

8月15日，种植业管理司在黑龙江鸡西召开东北片区秋粮重大病虫害防控现场会，总结交流秋粮病虫害发生防控情况，分析研判重大病虫发生形势，安排部署下阶段防控工作，要求各地加密监测预警，强化分类指导，抢抓农时做好防控，努力实现"虫口夺粮"保丰收。

8月16日，第五届全国植物检疫性有害生物审定委员会2023年度会议在北京召开，部分审定委员会委员、相关专家参加会议，会议研究讨论了番茄褐色皱果病毒和新德里番茄曲叶病毒检疫地位问题。

8月16日，第三届全国植物检疫标准化技术委员会农业植物检疫分技术委员会换届大会暨第一次全体会议在北京召开。会议审议通过了《全国植物检疫标准化技术委员会农业植物检疫分技术委员会章程》《全国植物检疫标准化技术委员会农业植物检疫分技术委员会秘书处工作细则》，研讨了农业植物检疫标准体系及第三届农分委下一步工作计划。

8月22日，农业农村部办公厅印发《全国农业植物检疫性有害生物分布行政区名录》，公布31种全国农业植物检疫性有害生物最新分布情况，要求各级植物检疫机构根据疫情分布变化，依法依规做好植物检疫，防范疫情传播扩散，保障农业生产安全。

8月28日，全国农业技术推广服务中心在上海举办生物食诱剂防治农作物害虫应用技术培训班，邀请相关专家就害虫食诱剂防控技术等内容进行专题授课，观摩了上海奉贤水稻、果树绿色防控示范区，加快了生物食诱剂等绿色防控技术和产品的示范推广，进一步丰富了绿色防控技术体系。

9月

9月1日，财政部会同农业农村部下达中央财政农业防灾减灾水稻病虫害防治资金3.71亿元，用于支持辽宁、吉林、黑龙江、江苏、安徽、江西、湖南、广西8省（自治区）做好稻瘟病、水稻"两迁"害虫等水稻病虫害防治相关工作。

9月1日，全国农业技术推广服务中心组织召开2023年中晚稻重大病虫害秋后发生趋势网络会商会。会议总结交流水稻重大病虫害当前发生情况，分析会商秋后发生趋势，安排部署下阶段工作。

9月4—8日，应农业农村部邀请，俄罗斯农业部组派代表团来华开展马铃薯甲虫联合监测调查活动。活动期间，双方签署了《2023—2024年度中俄边境地区马铃薯甲虫联合监测防控合作备忘录》，实地考察了马铃薯甲虫监测防控工作，交流了植保植检组织架构、重大病虫监测防控体系等情况。

9月15日，种植业管理司会同中国农业科学院植物保护研究所在贵阳召开小麦茎基腐病防控技术研讨会，交流近年小麦茎基腐病发生情况，研判发生流行风险及对小麦生产影响，研讨提出了下一步茎基腐病防控对策。

9月20日，全国农业技术推广服务中心在吉林长春举办玉米和水稻植物健康绿色增产技术培训班，组织观摩植物健康绿色增产技术田间示范现场，交流以吡唑醚菌酯为代表的植物健康产品对水稻、玉米的病害防治效果及促进增产情况。

9月21日，农业农村部办公厅印发《小麦茎基腐病防控技术指导意见》，指导各地加强小麦茎基腐病防控，保障小麦稳产丰收。

9月26—27日，种植业管理司会同全国农业技术推广服务中心在陕西宝鸡召开全国小麦秋播药剂拌种防控现场会，要求各地强化组织发动、指导服务、物资保障、宣传引导，因地制宜全面推行小麦秋播药剂拌种措施，力争小麦秋播药剂拌种率稳定在90％以上，实现"冬病秋防"，减轻小麦茎基腐病、纹枯病、蚜虫等苗期病虫危害，延缓条锈病、白粉病等气传性病害发生，压低病虫害基数，赢取来年春季防控主动权。

10 月

10 月 9 日，种植业管理司制定《2024—2026 年国家救灾农药储备工作方案》，明确了新一轮国家救灾农药储备工作打算。

10 月 9 日，全国农业技术推广服务中心在江苏盐城大丰举办了植物生长调节剂在粮食作物上使用技术培训班，观摩 14 -羟芸·噻苯隆可溶液剂在水稻上提质增产的田间示范，示范田表现出明显的抗倒伏、抗纹枯病、稻瘟病能力，亩穗数、穗粒数、千粒重均高于对照田，增产效果明显。

10 月 17 日，种植业管理司会同全国农业技术推广服务中心召开国家救灾农药储备品种专家论证会，研究论证 2024—2026 年度国家救灾农药储备品种、剂型和数量。

10 月 18 日，种植业管理司召开番茄潜叶蛾专题研讨会，分析研判番茄潜叶蛾发生危害态势，组织专家对将番茄潜叶蛾纳入《一类农作物病虫害名录》管理进行了审定。

10 月 19—20 日，种植业管理司会同全国农业技术推广服务中心在山西太原举办农作物病虫害绿色防控及安全用药培训班，组织观摩番茄潜叶蛾等蔬菜病虫害绿色防控现场，开展了番茄潜叶蛾发生与综合防治技术培训，研讨提出番茄潜叶蛾"精准监测＋理化诱控＋生物防治＋高效低风险农药"综合治理措施。

10 月 20 日，全国农业技术推广服务中心在福建漳州召开 2023 年重大农业植物疫情防控现场会，总结交流红火蚁监测防控经验，分析红火蚁综合治理面临的新形势，组织红火蚁联防联控和药剂筛选试验现场观摩，对未来一段时期红火蚁重点工作进行再动员、再部署。

10 月 24—25 日，种植业管理司会同全国农业技术推广服务中心在福建云霄召开 2023 年全国红火蚁防控现场会，观摩红火蚁联防联控和统防统治现场，总结交流监测防控经验，分析发生防控形势，动员安排秋冬季红火蚁防控行动。

11 月

11 月 2 日，全国农业技术推广服务中心在贵州贵阳举办小麦病虫害防治新药剂应用技术培训班，开展小麦主要病害防控新技术、新药剂，小麦病虫害发生防治现状及对策培训，交流了近年小麦病虫害防控经验，并组织学员现场观摩了贵州小麦品种抗锈性评价试验基地、生态茶园等绿色防控现场。

11月8日，种植业管理司印发《关于加强植物保护能力提升工程项目建设监管的通知》，组织相关项目投资建设省份全面开展自查，并对重点省份开展调研指导，督促各地按时保质保量完成建设任务，发挥应有效能。

11月10日，根据《农作物病虫害防治条例》病虫害分类管理规定，将番茄潜叶蛾增补纳入《一类农作物病虫害名录》管理，以农业农村部公告第723号发布。

11月14日，组织豇豆病虫害绿色防控与安全用药专家组有关专家，总结交流2023年豇豆减药控残工作进展及成效，研讨完善绿色防控、安全用药技术措施，优化"防虫网＋"等技术模式，就冬春季豇豆病虫监测调查、抗药性监测、绿色防控示范、高效低风险农药筛选，以及膳食风险评估等工作进行安排。

11月17—18日，全国农业技术推广服务中心在湖南长沙组织举办2023年植保信息与农药械推广网培训班。培训以"化学农药减量化"和"主要粮油作物提单产"为主题，总结2023年全国农药减量增效和提质增产的工作经验，培训了农药前沿新理念、新产品、新技术、新成果，为助力粮食安全和重要农产品稳定安全供给提供有力技术支撑。

11月18日，全国农业技术推广服务中心在湖南长沙召开了2023年全国省级植保（植检）站（局）长会。会议交流总结了"十四五"以来植保植检工作的成效和经验，分析面临的机遇和挑战，研究提出了下阶段植保植检工作重点。

11月19日，第三十七届中国植保信息交流暨农药械交易会在湖南长沙隆重举办。农业农村部种植业管理司司长潘文博、湖南省农业农村厅厅长王建球出席开幕式并讲话，中国工程院院士、贵州大学校长宋宝安作主题报告。开幕式由全国农业技术推广服务中心主任魏启文主持。本届大会紧紧围绕粮食安全"国之大者"，紧扣新一轮粮食产能提升行动部署，以"科学用药、绿色发展"为主题，秉持"开放办会、服务生产、服务企业"的理念，坚持"沟通信息、展示成果、促进对接、引领发展"的宗旨，旨在提高植保防灾减灾水平，推动"虫口夺粮"保丰收行动取得更大成效。

大会按照"开幕式＋信息发布＋科技论坛＋座谈交流＋人才对接＋展览展示"的总体框架，共设置10大展区、展览面积达11万平方米，举行开幕式、高峰论坛与信息发布会、农药企业家座谈会等，组织开展了高校毕业生与农化企业招聘对接活动。近

1 000家农药、农化、植保机械和包装机械企业参展，现场观展人员超过 15 万人次。中国工程院院士、湖南省农业科学院党委书记柏连阳，欧洲科学院院士、华南农业大学教授兰玉彬，农业农村部种植业管理司一级巡视员朱恩林，农业农村部农药检定所所长黄修柱，全国农业技术推广服务中心党委书记张晔出席开幕式。全国 31 个省（自治区、直辖市）和新疆生产建设兵团的植保农药机构、科研院校、农化企业、专业化防治服务组织和新闻媒体代表共 1 000 人现场参加开幕式。

11 月 19 日，第八届农药安全科学使用高峰论坛在湖南长沙第三十七届植保"双交会"期间举办。论坛由第三十七届全国植保信息交流暨农药械交易会组委会（全国农业技术推广服务中心）与中国农药工业协会联合主办。与会专家围绕农药相关政策、农药安全科学使用技术、植保新技术、新型生物农药等专题作报告，呼吁广大农药械企业深入参与安全科学用药培训宣传，共同努力提升农民安全科学用药意识和水平，助力我国农业绿色高质量发展。

11 月 19 日，农业航空植保专题展览暨发展与应用论坛在湖南长沙第三十七届植保"双交会"期间召开。论坛由第三十七届全国植保信息交流暨农药械交易会组委会（全国农业技术推广服务中心）与国家航空植保科技创新联盟联合主办。全国农业技术推广服务中心主任魏启文出席论坛并讲话。与会专家围绕大载荷植保智能无人机创制、植保无人机防飘技术、植保无人飞机质量等进行了专题研讨。有关省份和企业代表交流了植保无人机的应用和发展情况。

11 月 20 日，农药制剂发展与应用论坛在湖南长沙举办。论坛由第三十七届全国植保信息交流暨农药械交易会组委会（全国农业技术推广服务中心）和中国植物保护学会联合主办。与会专家围绕农药新制剂管理、农药农机农艺融合发展等前沿科学，以及护鸟型种衣剂在直播水稻田中的应用、农药缓释颗粒剂研发与应用等方面的最新成果进行交流研讨，推动农药制剂向绿色、生态、安全的方向发展。

11 月 20 日，全国农业技术推广服务中心在湖南长沙组织召开第二届绿色防控高层论坛，论坛以"绿色防控助推农业绿色高质量发展"为主题，围绕农作物重大病虫草害绿色防控等内容进行专题研讨，并举办了全国农作物病虫害绿色防控整建制推进县、绿色防控技术示范推广基地以及"统防统治百强县"授牌仪式。

11 月 22 日，种植业管理司会同全国农业技术推广服务中心制定印发《冬春季豇豆病虫害绿色防控技术指导意见》，提出在加强病虫监测基础上，大力推广健身栽培、防虫网阻隔、理化诱控、生物防治、科学用药等绿色防控技术，要求各地聚焦生产环节，强化政策扶持、技术集成、示范带动、培训指导，确保冬春季豇豆减药控残工作落实落地，稳步提升豇豆质量安全水平。

11月30日，全国农业技术推广服务中心印发《全国农技中心关于开展2023—2024年度南繁基地产地检疫联合巡查工作的通知》，自2023年12月18日至2024年3月22日，组织各省（自治区、直辖市）植物检疫机构专职植物检疫员赴海南开展南繁区域产地检疫联合巡查值守，强化植物检疫监管，保护国家南繁基地生产安全，防范植物有害生物随种苗调运扩散传播。

12月

12月1日，全国农业技术推广服务中心在山东青岛举办2023年农区鼠害监测与防控技术培训班（第20期）。培训班总结了全国农区鼠害智能监测五年工作成效，观摩了鼠害物联网智能监测基地，培训了鼠害危害损失评估、褐家鼠发生动态及防控技术与对策等内容。

12月5日，种植业管理司委托中国乡镇企业有限公司，对2024—2026年国家救灾农药储备项目进行开标、评标，根据评标委员会评审结果，确定山东中农联合生物科技股份有限公司等10家企业承担2024—2026年国家救灾农药储备任务。

12月7—8日，种植业管理司在广西南宁召开全国植保工作交流会暨豇豆减药控残推进落实会，总结交流基层植保体系建设、植保工程项目建设、中央防灾减灾资金使用和豇豆减药控残工作，组织研讨《植物保护法》讨论稿。

12月7—8日，全国农业技术推广服务中心在浙江杭州组织召开2023年全国农业有害生物抗药性风险评估与治理会议。会议总结了第六届抗药性专家组一年来的工作，强调指出，抗药性风险评估与治理形势严峻，要统筹谋划、分区治理，持续抓好抗药性风险评估与治理工作。全国农技中心主任、第六届抗药性专家组组长魏启文出席会议并讲话。

12月12—13日，全国农业技术推广服务中心在浙江杭州组织召开2024年全国农作物重大病虫害发生趋势会商会，总结了2023年全国农作物重大病虫害发生特点和测报工作成效，分析会商了2024年发生趋势，安排部署了监测预警重点工作。

12月15日，全国农业技术推广服务中心在海南乐东组织召开2023年全国农作物病虫害防控工作总结会，会议总结了2023年农作物病虫害防控工作的成效与经验，研讨了 2024 年度工作思路与重点，并组织观摩了海南省豇豆病虫害"防虫网＋"绿色防控现场。

12 月 29 日，农业农村部办公厅印发《关于下达 2024—2026 年度国家救灾农药储备任务的通知》，明确了 10 家中标企业的储备任务，对储备时限规模、信息报送、储备投放、检查机制、补助方式等提出明确要求。